新型农民现代农业技术与技能培训丛书

蔬菜植保员培训教材

（北方本）

张元恩　编著

金盾出版社

内 容 提 要

本书是"新型农民现代农业技术与技能培训丛书"的一个分册,由中国农业大学专家编著。内容包括:植保员工作岗位设定的意义和考核标准,植保员需掌握的基础知识,茄果类蔬菜病害及防治,瓜类蔬菜病害及防治,十字花科蔬菜病害及防治,豆类蔬菜病害及防治,葱蒜类蔬菜病害及防治,其他蔬菜病害及防治,蔬菜根结线虫及防治,蔬菜常见病虫及防治以及蔬菜病虫害的综合防治和有机蔬菜的介绍。本书内容丰富、全面、可操作性强,既可作为农村植保员培训教材,又可供广大青年农民自学使用。

图书在版编目(CIP)数据

蔬菜植保员培训教材(北方本)/张元恩编著.-北京:金盾出版社,2008.9
(新型农民现代农业技术与技能培训丛书)
ISBN 978-7-5082-5223-0

Ⅰ.蔬… Ⅱ.张… Ⅲ.蔬菜-病虫害防治方法-技术培训-教材 Ⅳ.S436.3

中国版本图书馆 CIP 数据核字(2008)第 129637 号

金盾出版社出版、总发行
北京太平路 5 号(地铁万寿路站往南)
邮政编码:100036 电话:68214039 83219215
传真:68276683 网址:www.jdcbs.cn
封面印刷:北京精美彩色印刷有限公司
正文印刷:北京蓝迪彩色印务有限公司
装订:北京蓝迪彩色印务有限公司
各地新华书店经销
开本:850×1168 1/32 印张:5.75 字数:133 千字
2012 年 1 月第 1 版第 2 次印刷
印数:10 001~14 000 册 定价:10.00 元
(凡购买金盾出版社的图书,如有缺页、
倒页、脱页者,本社发行部负责调换)

新型农民现代农业技术与技能培训丛书编委会

主 任

唐运新　谭祜德

委 员
（按姓氏笔画排列）

王清兰	邓望喜	史德宽	任克良
刘　新	孙双全	李　钦	李合生
李治民	李泽炳	李晓军	沈火林
张　建	张元恩	陈国平	陈章久
陈黎红	肖发沂	郑世发	施森宝
黄明双	曹克驹	曹尚银	彭中镇

序　言

中共中央、国务院[2007]1号文件明确指出,加强"三农"工作,积极发展现代农业,扎实推进社会主义新农村建设,是全面落实科学发展观、构建社会主义和谐社会的必然要求,是加快社会主义现代化建设的重大任务。

我国农业人口众多,发展现代农业、建设社会主义新农村,是一项伟大而艰巨的综合工程,不仅需要深化农村综合改革、加快建立投入保障机制、加强农业基础建设、加大科技支撑力度、健全现代农业产业体系和农村市场体系,而且必须注重培养新型农民,造就建设现代农业的人才队伍。

胡锦涛总书记在党的十七大报告中进一步指出,要培育有文化、懂技术、会经营的新型农民,发挥亿万农民建设新农村的主体作用。

新型农民是一支数以亿计的现代农业劳动大军,这支队伍的建立和壮大,只靠学校培养是远远不够的,主要应通过对广大青壮年农民进行现代农业技术与技能的培训来实现。金盾出版社在对农业岗位培训进行广泛调研的基础上,与中国农业大学老科技工作者协会、华中农业大学老教授协会等单位共同策划,约请数百名农业专家、学者参加,组织编写了"新型农民现代农业技术与技能培训丛书"(以下简称"丛书")。"丛书"坚持从现阶段我国青壮年农民的文化技术水平出发,突出现代农业技术与技能的传授,注重其先进性和实用性;"丛书"以教材形式编写,共有88个分册,涉及81个农业岗位,除水稻农艺工、蔬菜园艺工、蔬菜植保员、果树植保员分南方本和北方本外,其他均为一个岗位一本培训教材,以方便县(市)、乡(镇)、村组织新型农民培训和农业企业进行岗位培训时选用。"丛书"的组编和出版,还得到了河北农业大学、沈阳农业大学、西北农林科技大学、甘肃农业大学、北京农学院、山东畜牧兽医职业技术学院、大连民族学院、中国农业科学院茶叶研究所、中国农业科学院油料研究所、中国农业科学院郑州果树研究所、中国农业科学院特产研究所、中国农业科学院桑蚕研究所、中国养蜂学会、内蒙古自治区农牧科学院、甘肃省蔬菜研究所、山东省果树研究所、广西壮族自治区柑桔研究所、山西省畜牧兽医研究所等单位部分专家、教授的支持和参与,并列入劳动和社会保障部《全国职业培训与技能鉴定用书目录》,进行推荐,使我们深感欣慰,在此表示衷心感谢。我们希望和相信,通过"丛书"的出版发行,能为新型农民队伍的发展壮大贡献一份力量,也能为现代农业技术与技能培训积累一些可供借鉴的经验。

"丛书"编写时间有限,各分册存在不足或错漏在所难免,恳请同仁和各使用单位批评指正。

编委会

2008 年 1 月

前 言

蔬菜在我国种植历史悠久,已经成为我国最大的经济作物和出口创汇的农产品,蔬菜产业已成为我国农村的支柱产业。北方蔬菜栽培是以露地和保护地两种方式种植,尤其保护地蔬菜栽培发展迅速,设施栽培随处可见,保证了蔬菜周年供应。但保护地种植模式改变了生态条件,为病虫害的越冬、繁衍以及传播创造了有利条件,加上连年种植,难以轮作,造成病虫害逐年加重,成为影响蔬菜产量和品质的主要原因。因此,在北方蔬菜种植中,植保员的工作格外重要,已成为保证蔬菜生产的关键岗位。

在防治蔬菜病虫害的工作中离不开化学农药,但在使用化学农药时,由于缺乏对病、虫发生规律的认识以及对农药基础知识不够了解,不能"对症下药"、"适时防治"以及合理用药,结果达不到防治效果,不仅造成浪费和蔬菜农药残留超标,还威胁人们的健康,造成环境污染,甚至出现中毒现象。

为了蔬菜食品的安全,保障人们的健康;为保证蔬菜的出口创汇和农业生态环境的安全,保证农业的可持续发展,必须在蔬菜植保工作中认真贯彻"预防为主,综合防治"的方针,将有害生物治理工作中的农业防治、生物防治、物理防治和化学防治结合起来。除认识植保工作岗位的重要意义,遵守本行业的职业道德和相关的法律法规外;还应全面掌握有害生物的基础知识,进行田间调查,识别主要蔬菜上发生的病虫害,了解农药合理使用的常识。

为了适应现代农业发展和出口蔬菜生产的需要,本书还增加了"有机蔬菜病虫害防治技术"相关内容,以供参考。

本人要特别感谢李明远先生提供的大部分彩图,为本小册子增光添彩。

编著者

2008.5

目 录

第一章 植保员工作岗位设定的意义和考核标准 …………… (1)
  一、植保员工作岗位设定的意义 ……………………………… (1)
  二、植保员应掌握的知识和技能 ……………………………… (2)
  三、植保员应遵守的职业道德和相关法规 …………………… (3)
    (一)职业素质 …………………………………………………… (3)
    (二)相关法律法规 ……………………………………………… (4)
  四、植保员考核标准 ……………………………………………… (7)
    (一)爱岗敬业、善于学习、遵守职业道德 …………………… (7)
    (二)牢固掌握植保的基础知识 ………………………………… (7)
    (三)熟练掌握实际操作能力 …………………………………… (8)

第二章 植保员需掌握的基础知识 ……………………………… (9)
  一、北方蔬菜概况 ………………………………………………… (9)
    (一)保护地设施的概况 ………………………………………… (10)
    (二)保护地蔬菜病虫害发生特点 ……………………………… (11)
  二、植物病害基础知识 …………………………………………… (15)
    (一)植物病害概念 ……………………………………………… (15)
    (二)植物非侵染性病害 ………………………………………… (16)
    (三)植物病原真菌 ……………………………………………… (18)
    (四)植物病原病毒和类病毒 …………………………………… (21)
    (五)植物病原细菌和菌原体 …………………………………… (22)
    (六)植物病原线虫 ……………………………………………… (23)
    (七)病害的侵染过程和侵染循环 ……………………………… (23)
    (八)侵染性病害的发生和流行 ………………………………… (26)
    (九)侵染性病害的诊断 ………………………………………… (28)

三、农业昆虫基础知识 …………………………………… (32)
　(一)昆虫的形态和繁殖 …………………………………… (33)
　(二)昆虫的习性 …………………………………………… (35)
　(三)害虫的发生与环境的关系 …………………………… (36)
　(四)农业昆虫的重要类别 ………………………………… (37)
　(五)农业害螨 ……………………………………………… (39)
四、农药(械)的基础知识 …………………………………… (40)
　(一)农药的种类 …………………………………………… (40)
　(二)农药的剂型 …………………………………………… (40)
　(三)农药的毒性和残留 …………………………………… (42)
　(四)农药的配制和使用方法 ……………………………… (45)
　(五)施药的原则和注意事项 ……………………………… (48)
　(六)抗药性 ………………………………………………… (49)
　(七)杀虫剂 ………………………………………………… (51)
　(八)杀螨剂 ………………………………………………… (58)
　(九)杀菌剂 ………………………………………………… (59)
　(十)杀线虫剂 ……………………………………………… (67)
　(十一)除草剂 ……………………………………………… (68)
　(十二)植物生长调节剂 …………………………………… (70)
　(十三)喷雾器和喷粉器的使用与保养 …………………… (71)

第三章　茄果类蔬菜病害及防治 ……………………… (74)
一、真菌性病害 ……………………………………………… (74)
　(一)猝倒病 ………………………………………………… (74)
　(二)立枯病 ………………………………………………… (74)
　(三)灰霉病 ………………………………………………… (75)
　(四)菌核病 ………………………………………………… (76)
　(五)番茄晚疫病 …………………………………………… (76)
　(六)番茄早疫病 …………………………………………… (77)

目 录

　(七)番茄叶霉病 …………………………………………(77)
　(八)辣椒疫病 ……………………………………………(78)
　(九)茄子绵疫病 …………………………………………(78)
　(十)马铃薯晚疫病 ………………………………………(79)
　(十一)番茄枯萎病 ………………………………………(80)
　(十二)茄子黄萎病 ………………………………………(80)
二、病毒病害 ………………………………………………(81)
　(一)番茄病毒病 …………………………………………(81)
　(二)辣椒病毒病 …………………………………………(82)
三、细菌性病害 ……………………………………………(83)
　(一)番茄溃疡病 …………………………………………(83)
　(二)番茄疮痂病 …………………………………………(83)
　(三)辣椒疮痂病 …………………………………………(84)
　(四)番茄、辣椒青枯病 …………………………………(84)
　(五)马铃薯环腐病 ………………………………………(85)
四、主要防治措施 …………………………………………(86)
　(一)真菌性病害防治方法 ………………………………(86)
　(二)病毒病防治方法 ……………………………………(89)
　(三)细菌病害防治方法 …………………………………(90)

第四章　瓜类蔬菜病害及防治 ………………………(91)
一、真菌性病害 ……………………………………………(91)
　(一)黄瓜霜霉病 …………………………………………(91)
　(二)瓜类疫病 ……………………………………………(92)
　(三)黄瓜黑星病 …………………………………………(92)
　(四)黄瓜炭疽病 …………………………………………(93)
　(五)黄瓜枯萎病 …………………………………………(93)
　(六)瓜类白粉病 …………………………………………(94)
二、病毒病害 ………………………………………………(94)

(一)黄瓜花叶病毒病 ………………………………… (95)
　　(二)西葫芦花叶病毒病 ……………………………… (95)
　　(三)南瓜花叶病毒病 ………………………………… (95)
　三、细菌性病害 …………………………………………… (95)
　　黄瓜角斑病 …………………………………………… (95)
　四、主要防治措施 ………………………………………… (96)
　　(一)真菌病害防治方法 ……………………………… (96)
　　(二)病毒病害防治方法 ……………………………… (98)
　　(三)细菌病害防治方法 ……………………………… (98)

第五章　十字花科蔬菜病害及防治 ……………………… (99)
　一、真菌性病害 …………………………………………… (99)
　　(一)白菜霜霉病 ……………………………………… (99)
　　(二)白菜白斑病 ……………………………………… (99)
　　(三)白菜黑斑病 ……………………………………… (100)
　二、病毒病害 ……………………………………………… (100)
　　白菜病毒病 …………………………………………… (100)
　三、细菌性病害 …………………………………………… (101)
　　(一)白菜软腐病 ……………………………………… (101)
　　(二)甘蓝黑腐病 ……………………………………… (102)
　四、主要防治措施 ………………………………………… (102)
　　(一)真菌病害防治方法 ……………………………… (102)
　　(二)病毒病害防治方法 ……………………………… (103)
　　(三)细菌病害防治方法 ……………………………… (103)

第六章　豆类蔬菜病害及防治 …………………………… (105)
　一、真菌性病害 …………………………………………… (105)
　　(一)菜豆炭疽病 ……………………………………… (105)
　　(二)菜豆锈病 ………………………………………… (105)
　　(三)菜豆灰霉病 ……………………………………… (106)

(四)菜豆菌核病……………………………………(107)
　　(五)菜豆枯萎病……………………………………(107)
　二、病毒病害…………………………………………(108)
　　(一)菜豆花叶病……………………………………(108)
　　(二)豇豆病毒病……………………………………(108)
　三、细菌性病害………………………………………(109)
　　菜豆细菌性疫病……………………………………(109)
　四、主要防治措施……………………………………(110)
　　(一)真菌性病害防治方法…………………………(110)
　　(二)病毒病害防治方法……………………………(110)
　　(三)细菌病害防治方法……………………………(110)
第七章　葱蒜类蔬菜病害及防治……………………(112)
　一、真菌性病害………………………………………(112)
　　(一)韭菜灰霉病……………………………………(112)
　　(二)疫病……………………………………………(113)
　　(三)菌核病…………………………………………(113)
　　(四)霜霉病…………………………………………(113)
　　(五)紫斑病…………………………………………(114)
　二、细菌性病害………………………………………(114)
　　软腐病………………………………………………(114)
　三、病毒病害…………………………………………(115)
　四、主要防治措施……………………………………(115)
　　(一)真菌性病害防治方法…………………………(115)
　　(二)细菌病害防治方法……………………………(116)
　　(三)病毒病害防治方法……………………………(116)
第八章　其他蔬菜病害及防治………………………(117)
　一、真菌性病害………………………………………(117)
　　(一)芹菜斑枯病……………………………………(117)

(二)芹菜叶斑病……………………………………(117)
　　(三)芹菜菌核病……………………………………(118)
　　(四)胡萝卜黑斑病…………………………………(118)
二、细菌性病害…………………………………………(118)
　　(一)芹菜软腐病……………………………………(118)
　　(二)胡萝卜软腐病…………………………………(119)
　　(三)姜腐烂病………………………………………(119)
三、生理性病害…………………………………………(120)
　　(一)芹菜烧心………………………………………(120)
　　(二)芹菜空心………………………………………(120)
　　(三)芹菜叶柄开裂…………………………………(120)
四、主要防治措施………………………………………(121)
　　(一)真菌性病害防治方法…………………………(121)
　　(二)细菌病害防治方法……………………………(121)
　　(三)生理病害防治方法……………………………(122)

第九章　蔬菜根结线虫及防治……………………(123)
一、症状…………………………………………………(123)
二、发病规律……………………………………………(123)
三、主要防治方法………………………………………(124)
　　(一)农业防治………………………………………(124)
　　(二)嫁接……………………………………………(124)
　　(三)物理防治………………………………………(125)
　　(四)生物防治………………………………………(125)
　　(五)药剂防治………………………………………(125)

第十章　蔬菜常见害虫及防治……………………(127)
一、食果害虫……………………………………………(127)
　　(一)棉铃虫和烟青虫………………………………(127)
　　(二)豆野螟…………………………………………(128)

目 录

　　(三)食果害虫防治方法……………………………………(128)
二、食茎叶害虫……………………………………………………(129)
　　(一)菜青虫………………………………………………(129)
　　(二)小菜蛾………………………………………………(129)
　　(三)蚜虫…………………………………………………(130)
　　(四)白粉虱………………………………………………(131)
　　(五)烟粉虱………………………………………………(132)
　　(六)潜叶蝇类……………………………………………(132)
　　(七)茶黄螨………………………………………………(133)
　　(八)食茎叶害虫防治方法………………………………(133)
三、蛀根害虫………………………………………………………(135)
　　(一)蛴螬…………………………………………………(135)
　　(二)蝼蛄…………………………………………………(136)
　　(三)地老虎………………………………………………(136)
　　(四)根蛆类………………………………………………(137)
　　(五)韭蛆…………………………………………………(137)
　　(六)蛀根害虫防治方法…………………………………(138)
四、蜗牛和蛞蝓……………………………………………………(138)

第十一章　蔬菜病虫害的综合防治……………………………(142)

一、预测预报………………………………………………………(142)
　　(一)定义…………………………………………………(142)
　　(二)目的…………………………………………………(143)
　　(三)分类…………………………………………………(143)
二、田间调查………………………………………………………(144)
　　(一)田间调查的目的……………………………………(144)
　　(二)田间调查的方法……………………………………(145)
　　(三)田间调查资料的统计………………………………(146)
三、蔬菜病虫害的综合防治………………………………………(148)

（一）综合防治的概念……………………………………(148)
　（二）综合治理的主要原则………………………………(150)
　（三）综合防治的主要措施………………………………(151)
　（四）综合防治方案的制定………………………………(157)
第十二章　有机蔬菜……………………………………………(160)
　一、有机农业概况……………………………………………(160)
　二、有机蔬菜的病虫害防治…………………………………(163)
　（一）农业防治法……………………………………………(163)
　（二）物理防治法……………………………………………(164)
　（三）生物防治法……………………………………………(165)

第一章 植保员工作岗位设定的意义和考核标准

蔬菜植保员的工作不仅是防治蔬菜病虫害,增加蔬菜的产量和经济效益,而且关系蔬菜食品安全,人、畜安全以及保护环境的重要岗位。要成为合格的蔬菜植保员,必须掌握有关蔬菜病虫害的基本知识和药械使用的技能,热爱本职工作,勤奋学习和遵纪守法,才能出色地完成植保工作,为蔬菜生产和植保工作的标准化作出自己的贡献。对植保员素质、基础知识以及基本技能的要求是否能达到,经过有关部门的考核是十分必要的。

一、植保员工作岗位设定的意义

植保员的全称应是植物保护技术员,是保护农作物健康生长的植物医生,使农作物免受病、虫、草、鼠等有害生物危害。在种植业中是十分重要的岗位,尤其在蔬菜生产中是不可缺少的重要工作。据《中国农作物病虫害》第二版记载,全国发生的农作物主要病虫草鼠害有1666种,虫害838种,病害742种,杂草64种,鼠害22种,如果不进行防治,每年将损失粮食15%,棉花20%~25%,果菜损失25%以上。而且不同年份不同地区和不同的病虫害所造成的损失会有很大差别,有些病害具有毁灭性,如黄瓜霜霉病、枯萎病,辣椒青枯病,如果防治不及时会"全军覆灭"。植保工作如能及时有效地保护蔬菜生产的全过程,可大大降低损失,挽回经济效益。

由于我国农业产业结构的调整和种植制度的变化,蔬菜生产大面积增加,尤其在北方保护地设施栽培(小拱棚、塑料大棚、日光温室等)发展迅速,加上大量反季节蔬菜的种植,使北方蔬菜的种植中无论是品种、种植方法以及生态环境都已发生很大变化,随着种植蔬菜品种的多样化以及种植条件的变化,病虫害也随之发生了很大变化,过去主要发生在南方的病虫害有向北方蔓延的趋势,如南方根结线虫、辣椒青枯病以及烟粉虱等多种病虫害,其中部分已成为突出问题。

在全球性气候变暖的大背景下,病虫害的发生有明显加重的趋势,加上国际蔬菜种子贸易发展和交流的频繁,使境外有害生物的入侵几率增加,这就为植保工作增加了难度和复杂性。因此,对外来有害生物危害性的认识,在加强植物检疫工作中变得越来越重要。如何把病虫害控制在最低水平,达到优质高产和可持续的发展,是现阶段植保员面临的艰巨任务。

蔬菜植保员的工作不仅仅是保护蔬菜健康生长,提高产量增加效益,而且是关系到蔬菜安全和人们健康的大问题。如何生产出"放心菜",病虫害防治工作中如何使用化学农药,是否按蔬菜上农药使用的规定规范操作,避免由于滥用和超标使用农药,造成人畜中毒和污染环境,就成为基层植保员的一项极其重要的责任。同时还要与国际接轨,生产无公害、绿色和有机蔬菜以保证出口创汇。因此,蔬菜植保员的工作在生产优质高产蔬菜、保证食品安全和人们健康、出口创汇以及保护环境以达到农业的可持续发展等方面都是具有十分重要和深远意义的工作。

二、植保员应掌握的知识和技能

作为一名合格的植保员,首先必须掌握与植保工作相关的基础知识,如病虫害是怎样发生的?引起病虫害有哪些病原物和昆虫?我们常说"对症下药",因此正确的诊断是防治病虫害的第一步,也是关键的一步。如何才能准确诊断出病害或虫害的种类,就需要掌握植物病害和农业昆虫的基本知识和田间诊断的技能。如蔬菜叶片变黄，是病害还是缺肥引起的，除要仔细观察叶片的症状和发生发展的情况，还要结合周围叶片情况和环境综合考虑。诊断工作是一项专业的工作，还需要了解种子、水肥管理、土壤、气候及保护地如日光温室内的小气候等诸多知识。

为了制定合理的防治措施，确定防治的时间，必须进行田间调查，掌握病虫害发生的规律，这就要掌握田间调查的方法，如防治害虫时要掌握在害虫幼龄（三龄以前）时期防治，到了成虫抗药性强的时候防治，效果不好。做好病虫害的防治工作，还要懂得农药（如杀虫剂、杀螨剂、杀菌剂、杀线虫剂、除草剂）以及植物生长调节剂的种类和性能，使用时的注意事项，喷施农药的器械使用和保养等方面的知识。

三、植保员应遵守的职业道德和相关法规

(一)职业素质

蔬菜植保员是从事蔬菜生产过程中预防和控制病、虫、草、鼠等有害生物危害，并保证蔬菜食品安全生产的重要岗位，因此植保员一定要遵守职业道德和相关法规，完成好本职工作。作为一名合格和优秀的植保工作者应具备的职业道德有以下3个方面。

1. 爱岗敬业，热情服务　在选择了植保员这一岗位后，首先应充分认识植保员工作的意义和重要性，只有对本职工作有了充分认识后，才会热爱自己的工作，认识到自己所从事的职业的社会价值，从而产生责任感和使命感，激发自己的学习热情，在此基础上才能发挥自己的聪明才智，在工作中才能有所作为。

作为一名植保员在生产第一线从事病虫害的调查和防治工作，是为蔬菜生产和农户服务的工作。有时病虫害的发生是非常

突然的，除要冷静处理还必须主动热情，这是作为植保员应具备的素质。

2. 勤奋学习，有所创新 怎样才能胜任这一工作呢？不仅要有充分的认识和为人民服务的思想准备，还要具有勤奋学习深入钻研的精神。

蔬菜病、虫、草、鼠等有害生物的种类多、分布广、来源复杂，在诊断和防治上都有很大难度，加上植保科学发展迅速，新农药、新技术不断出现，这就要求我们不断地学习充实自己，刻苦钻研，勤于思考，提高自己的业务能力。不仅从书本上学习，更重要的是在实践中不断总结经验，发现问题，带着问题去参加培训，参加各种交流展示会议，请教专家、和有经验的同行交流。

3. 遵纪守法，规范操作 植保员的工作与食品安全，人、畜安全以及环境保护息息相关，因此我国政府十分重视植保工作并为此制定了相应的法律法规来规范植保工作的行为，以确保食品安全，人、畜安全以及农业可持续的发展。遵纪守法，按法律法规办事，严格执行操作标准，这不仅是植保工作规范化的需要，也是处理突发事故、解决纠纷和矛盾的依据。

（二）相关法律法规

我国制定的法律法规有很多，并且在不断修订和完善，我们只要了解与本职工作密切相关的法律法规即可。下面介绍与植保工作有关的法律法规的名称及重点内容（详细内容请参考相关书籍）。

1.《中华人民共和国农业法》 1993年7月全国人大常委会通过，2002年修订。明文规定"禁止生产和销售国家明令淘汰的农药、兽药、饲料添加剂、农业机械等农业生产资料"，"各级农业行政主管部门应当引导农业生产经营组织采取生物措施或者使用高效低毒低残留农药、兽药，防治动植物病、虫、杂草、鼠害。"

2.《中华人民共和国种子法》 2000年全国人大常委会通过。

第四十八条 从事品种选育和种子生产、经营以及管理的单位和个人应当遵守有关植物检疫法律、行政法规的规定,防止植物危险性病、虫、杂草及其他有害生物的传播和蔓延。禁止任何单位和个人在种子生产基地从事病虫害接种试验。

3.《中华人民共和国经济合同法》 1999年全国人大通过。在市场经济条件下,经济合同是经常遇到的事情,如承包合同、雇工合同、买卖合同等,了解和运用合同法,就能保护当事人的合法利益,在出现矛盾和纠纷时就有法可依,使我们的经济活动有序地运行。

4.《植物检疫条例》 1992年经修订发布。《条例》规定,凡是种子、苗木和其他繁殖材料,不论是否列入应实施检疫的植物、植物产品名单和运往何地,在调运之前,都必须经过检疫。

5.《植物检疫条例实施细则(农业部分)》 1995年由农业部发布,1997年修订。该实施细则明确规定各级检疫机构的职责范围,植物检疫证书的签发,植物检疫对象的划区、控制和消灭及调运,产地检疫,国外引种检疫等,并规定了具体的奖励和处罚事项。在规定的实施植物检疫名单中包括蔬菜作物的种子、种苗和运出发生疫情的县级行政区域的蔬菜产品。

6.《农药管理条例》 1997年由国务院发布,2001年修订。内容包括农药登记、农药生产、农药经营、农药监督和农药使用等八章四十九条。下面仅就第四章农药使用中的主要内容摘录如下。

第二十七条 农药使用者应当确认农药标签清晰,农药登记证号或者农药临时登记证号、农药生产许可证号或者生产批准文件齐全后,方可使用农药。农药使用者应当严格按照产品标签规定的剂量、防治对象、使用方法、施药适期、注意事项施用农药,不得随意改变。

第二十八条 各级农业技术推广部门应当大力推广使用安

全、高效、经济的农药。剧毒、高毒农药不得用于防治卫生害虫，不得用于瓜类、蔬菜、果树、茶叶、中草药材等。

7.《中华人民共和国农产品质量安全法》 2006年11月1日施行。这是一部非常重要的有关农产品生产的法规，其中第四章农产品生产中第二十四条农产品生产企业和农民专业合作经济组织应建立农产品生产记录，如实记载下列事项：（一）使用农业投入品的名称、来源、用量、用法和使用、停用日期；（二）动物疫情、植物病虫草害的发生和防治情况；（三）收获、屠宰或者捕捞的日期。农产品生产记录应当保存二年。禁止伪造农产品记录。

8.《农民专业合作社示范章程》 2007年7月1日农业部通过并施行。农民专业合作社是一种新的农村组织形式，是在新形势下农业发展的方向，可以认为继"包产到户"和"联产承包"之后农村发展的新阶段，是我国农业现代化的必由之路，如何在农民专业合作社的组织中开展植保工作，将是蔬菜植保员必须了解和熟悉的内容。

9.《中华人民共和国劳动合同法》 2007年6月29日由全国人大常委会通过，于2008年1月1日施行。这是一部在社会主义市场经济条件下保护劳动者权利的大法，是在市场经济条件下各种用工形式和被雇佣者应遵循的法律依据，是在劳动合同中发生冲突时如何解决的法律依据。

除上述法规和条例外，凡是相关的法律都应了解，同时要经常注意由于生产形势的发展，国务院、农业部和相关部门会不断完善原来的法规或条例并会颁布新的法规或条例。上述法律法规不仅是植保员规范工作的依据，同时也是解决纠纷和矛盾的依据，同样是维护自身权利的武器。另外，各省或地、县，根据本地区的具体情况，还应制定本省或本地区的《植保条例》，这些条例更符合本地区的实际情况，应认真学习和遵照执行。

四、植保员考核标准

植保员考核的标准应从以下三个方面衡量：一是思想品德方面的考核，植保员应具有爱岗敬业，遵守职业道德的基本素质；二是植保员应牢固掌握植保专业的基础知识；三是植保员应具有诊断病虫和田间调查的基本功及蔬菜病虫害防治的田间实际操作技能。

(一)爱岗敬业，善于学习，遵守职业道德

爱岗敬业是衡量植保员的基本标准，只有热爱自己岗位的人，认识本职工作的意义和赋予的社会责任，才能发挥自己的聪明才智，兢兢业业干好本职工作。

农业生产结构的不断变化，使得病虫害的情况也不断变化，新农药新技术不断出现。所以，要善于学习，不断钻研业务，掌握新的知识和新的技术。为了获得新的知识和技术，就应参加各种培训班，经常在电视、广播以及网络中学习。

由于植保工作关系到食品安全、人、畜安全以及环境保护等重大责任，因此严格遵守职业道德，了解、认识和遵守相关的法律法规；认真贯彻我国的"预防为主，综合防治"的植保方针和"公共植保"、"绿色植保"的理念；不使用禁止在蔬菜上使用的农药，规范操作是植保员所必须具备的素质。

(二)牢固掌握植保的基础知识

植保工作是专业性很强的技术工作，面对复杂而不断变化的农业生态环境，多种多样的农作物以及千百万种的有害生物，为了做好本职工作，应牢牢掌握植保方面的基础知识，知识就是力量，知识就是做好植保工作的本钱。

农业方面的知识是非常广泛的,如作物、土壤、气象以及环保等方面,这些知识对做好植保工作都是十分重要的,但就植保专业方面的基础知识来说,应包括三个方面,即植物病害、农业昆虫和农药(械)三个方面的基础知识。首先要了解植物病害是怎样发生的,引起病害的原因有哪些,尤其是引起侵染性病害的真菌、病毒、细菌和线虫的特性,病害发生的规律,即病原物侵染的过程(病程)和侵染循环等。农业昆虫方面的基础知识,应了解害虫的种类,害虫发育和繁殖的规律,如何保护和利用害虫的天敌等。农药的基础知识是分清农药的种类、特性、科学合理的使用方法和注意事项以及使用和保养植保器械。

(三)熟练掌握实际操作能力

识病、认虫和合理使用农药的基本功是植保员应具备的。作为一名合格的植保员应该掌握当地主要蔬菜上发生病虫害的种类及发生规律,能对当地可能发生的病虫害作出初步的预测、估计和判断,提前做好防治工作的各项准备,做到心中有数,就要掌握田间调查的方法,根据田间调查得来的数据,经分析判断,得出最佳的防治时间和方法,做好综合防治计划。

在综合防治工作中,要充分认识我国"预防为主,综合防治"方针的实践意义,头脑里始终要有"防重于治"的观念,在综合防治中应以农业防治、物理防治、生物防治、化学农药防治互相协调应用,不要单打一地仅使用化学农药防治的方法,这样就会以最小的成本达到最大的经济效益和生态效益。

植保员应掌握的基本知识和实践操作能力,除农业生产全面知识外,对植保方面上述的专业知识应全面了解和掌握运用。在生产第一线的植保员必须了解病虫害预测预报的基本常识,掌握田间调查、统计和分析的方法,会制定防治某种病虫害综合防治方案和实施的能力。

第二章　植保员须掌握的基础知识

一、北方蔬菜概况

　　北方一般是指长江以北的广大地区,包括东北、华北和西北地区,地域广阔,地貌和气候条件千差万别,尤其晚秋、冬季和早春气候寒冷,在北方无霜期短,有120~200天不能种植露地蔬菜,造成蔬菜供应失衡,使冬季和早春市场新鲜蔬菜供应出现淡季。

　　随着人们生活水平的提高,北方冬季贮存大白菜的习惯渐渐淡去,而对多品种的新鲜蔬菜需求越来越高,这就使人们对新鲜蔬菜的需求和生产供应出现矛盾。虽然南菜北运可以部分缓解淡季蔬菜的供应,但由于运输等因素,使之不能全部、及时地解决北方新鲜蔬菜的淡季供应问题。加上人们以地产地销为主、外地调运和贮藏保鲜加工为辅的消费习惯,因此北方淡季蔬菜供应紧张主要靠当地保护地蔬菜的种植来缓解。在生长季节,露地蔬菜仍然是主要的供应来源,这就使北方蔬菜的种植形成了露地和保护地混合种植模式,以保证蔬菜周年的均衡供应,甚至出现了一定规模化种植单一品种的番茄村、辣椒村、韭菜村、葱蒜村等产业化蔬菜基地,为城乡商品蔬菜的供应和出口创汇作出了重要贡献。由于保护地蔬菜种植的优越性,使其在北方种植区迅速地发展起来,并逐渐出现以保护地为主要种植方式的发展趋势,成为菜农的主导产业。尤其在大城市郊区的区县保护地种植面积逐年扩大,甚至形成了像山东寿光那种北方以保护地为主结合露地栽培的大型蔬菜基地。

　　下面主要介绍一下保护地设施栽培的概况和病虫害发生的特点。

(一)保护地设施的概况

我国蔬菜保护地种植历史悠久,早在2 000多年前的汉朝、唐朝时期便有记载,我国劳动人民在长期的蔬菜保护地栽培实践中,创造了多种多样的、行之有效的保护性的栽培设施。改革开放后,经园艺专家的不断总结和改进,并吸取国内外保护地种植的经验,尤其是邻国日本的先进的保护地栽培经验后,逐步形成了具有中国特色的保护地生产的新局面,这就是以太阳能为主要热源,以塑料薄膜为透光覆盖材料的保护地栽培,在北方已经形成了以地面覆盖、拱棚和温室三种形式的保护地栽培。

1. 地面覆盖 早期的地面覆盖是利用稻草、草帘或玻璃等防护材料盖在畦面或植株上进行防寒保护的栽培形式,现今已经普遍应用各种塑料薄膜进行地面覆盖栽培。由于塑料薄膜地面覆盖具有保温、保墒、保肥和疏松土壤的作用,所以利用塑料薄膜进行地面覆盖栽培可以促进植株根系生长,提高植株抗病虫能力,提早成熟,增加经济效益并能减轻蔬菜菌核病、灰霉病和炭疽病的危害,如果应用银灰反光膜进行地面覆盖,对趋避有翅蚜,预防蔬菜病毒具有明显作用。

2. 拱棚 拱棚是使用透光和具有一定保温作用的塑料薄膜覆盖的保护地蔬菜栽培,是北方最普遍,发展最快的保护地栽培形式,按覆盖面积和空间的大小,可分为大棚、中棚和小棚三种类型。

(1)大棚 大棚占地面积一般为400～667平方米,用特制钢筋或竹木作为骨架,上面覆以塑料薄膜而成。塑料大棚具有保温、保湿、防风、通风透光的良好性能。由于大棚全面受光,所以增温快,但保温时间短,棚内温度变化与外界温度变化基本一样,只是棚内温度变化不如棚外剧烈,棚内最高和最低土壤温度出现的时间要晚于外界气温2～3小时,冬季大棚周围可与外界形成大约1米宽的低温带。

第二章 植保员须掌握的基础知识

塑料大棚密封性好,棚内湿度比露地高,可随天气和栽培管理措施而变化。晴天、有风天相对湿度降低;阴雨天或浇水后湿度增加;日出后棚内温度升高,土壤蒸发量和蔬菜蒸腾作用加强,棚内湿度随之明显增加;通风后,湿度随之降低,至中午闭棚前达到最低;夜间随着温度下降,相对湿度逐渐升高,可达到90%左右。有时甚至出现饱和,引起植株叶面结露,可诱发蔬菜病害,特别是为大棚黄瓜霜霉病的大发生创造了有利条件。

(2)小棚　小棚也称小拱棚;小棚有半圆形小拱棚和圆形小拱棚两种。半圆形小拱棚也成为改良阳畦,一般北侧有1米多高的土墙或风障,棚架有竹木或钢架,成本低廉,便于管理。冬季覆盖草帘适于种植韭菜、青蒜、芹菜、香菜、油菜等耐寒蔬菜,或早春果菜类蔬菜的育苗,不盖草帘用于菠菜。

(3)中棚　中棚面积介于大棚和小棚之间,结构类似小棚,因中棚高度一般不到1.5米,所以进入中棚须弯腰工作。中棚保温性比大棚好,昼夜温差较小,适于耐寒蔬菜的早春栽培,如茄果类、瓜类、甘蓝类蔬菜,这些蔬菜提早定植,可提前20~30天上市。

3. 温室　温室是在北方严寒季节生产喜温的瓜果类蔬菜的主要保护地栽培形式。选择透光保温材料,如玻璃、塑料薄膜或阳光板(太阳板)等材质,并加盖草帘或用自动卷帘机保温覆盖。在北方一般有加温和不加温的两种日光温室,由于燃料成本问题,所以加热温室仅在严寒的东北、西北比较多,北方大部分地区采用节能的日光温室,有时也采用育苗床局部电热丝加热。由于温室温度较高、湿度大,有利于蔬菜病害的发生和多种病原菌越冬,使之成为露地蔬菜病虫害的重要来源。

(二)保护地蔬菜病虫害发生特点

保护地是通过人工创造的设施,改变蔬菜在露地种植时的环境条件,使其在露地上不适宜生长的季节进行栽培,这就使保护地里的光照、温度、水分、气体、土壤条件等一系列因素发生了很大变化,这种变化直接影响保护地蔬菜的种植时间、栽培方法和管理方式,可直接影响蔬菜的生长发育和病虫害的发生时间、种类和流行规律。

在北方寒冷的冬季,保护地不仅为蔬菜种植提供了保温的条件,也为病虫越冬创造了良机。由于采用塑料薄膜为主的保护地,光照强度比露地光照降低,因塑料薄膜的透光率只有60%~70%,冬季温度变化加大,加上湿度增大,所以造成一些喜温、喜光的瓜类、茄果类和豆类蔬菜生长势弱,抗病力降低。保护地一旦建成,便不可移动,加上连年种植,轮作倒茬困难。综合以上因素,在北方保护地以及露地蔬菜病虫害的发生呈现了以下几个特点:土传病害加重;南方病虫害向北方蔓延;病虫害流行频率加大,危害时间长,损失严重;病虫害种类更为复杂,未知病因的疑难病害增多。

1. 土传病害加重 土壤是蔬菜的根系环境,也是多种病原菌越冬场所。在露地一般正常种植情况下,土壤中的病原菌和大量的有益微生物保持一定的平衡。而保护地栽培的蔬菜种类比较单一,栽培面积有限,轮作倒茬困难,连作不可避免。加上蔬菜根系的分泌物质和病根的残留,使土壤微生物逐渐失去平衡,诱使病害发生。保护地棚室土壤比露地土壤光照少,温度和湿度高,病原菌增殖蔓延迅速,又缺乏抗病品种,土传病害随连作年限增多并有不断加重的趋势。例如,新建棚室发生瓜类枯萎病后如不及时采取有效防治措施,一般从零星病株到变为普遍发病只需3~5年时间;蔬菜根结线虫病的严重发生也只需3~4年,病株率可达80%以上,减产严重;茄子黄萎病在保护地里逐年加重;苗期病害、疫病、菌核病等土传病害严重威胁蔬菜生产,成为保护地蔬菜生产上亟待解决的突出问题。

2. 南方病虫害向北方蔓延 保护地中蔬菜与病原菌长期协

第二章 植保员须掌握的基础知识

同进化的结果是适宜蔬菜生长的温度环境,通常可以引起发病,因此地域一般不成为病害发生流行的限制因素。如茄果类蔬菜的青枯病,过去在北方很少发生,而在南方是常见病害,由于北方保护地棚室的温暖条件,茄果类蔬菜青枯病逐年向北蔓延。温室白粉虱、烟粉虱在北方寒冷地区不能在露地越冬,随着保护地棚室面积的增加,在冬季有了温暖的棚室,白粉虱、烟粉虱可顺利越冬并不断为害。烟粉虱是 20 世纪 90 年代由境外传入南方,近几年不断向北扩展,在北方的一些地区已经上升成为主要种群,不仅可在冬季温室中继续繁殖为害并形成虫源基地,向露地蔬菜上蔓延为害,现已发展成为蔬菜上重要且难于防治的害虫。蔬菜根结线虫中的南方根结线虫也是从南方随花木传播到北方,目前已经成为北方保护地蔬菜上的重要病害。喜欢温暖、潮湿环境的蜗牛、蛞蝓等害虫主要在南方为害,现在在北方保护地温室中也经常发生为害。

3. 病虫害周年流行频率加大,危害时间长 多种病原菌随病残体在土壤中越冬,成为翌年的初侵染源,是蔬菜病害发生流行的重要环节。露地环境的病菌死亡率高,在蔬菜生长季节侵染且发病迟、危害轻,有的病害只在局部地区季节性流行。而在保护地栽培环境下,病菌既可安全越冬,又能周年侵染,已成为发展棚室蔬菜生产的大敌。如瓜类炭疽病、细菌性角斑病;黄瓜、甜椒、韭菜的疫病;番茄早疫病、叶霉病;豇豆和菜豆锈病;芹菜斑枯病以及多种蔬菜菌核病、灰霉病等;引起蔬菜苗期病害的猝倒病、立枯病等均可周年发生。上述病害的流行的频率加大,危害时间长,损失严重。其中最明显的是黄瓜霜霉病早春在棚室发生和流行,随着露地黄瓜的生长,霜霉病菌随气流从棚室传播到露地黄瓜上,到晚秋病菌再从露地黄瓜上传入棚室,周而复始地循环,周年侵染危害。

地下害虫如蝼蛄、韭蛆等,也因棚室土壤温暖、潮湿、疏松肥沃而出现发生早、数量多、为害加重的结果。

4. 病虫种类复杂,未知病害增多 保护地蔬菜栽培的发展对病虫害发生种类有明显的影响,生产中往往追逐"名、特、优"即所谓的国外品种蔬菜,不经检疫处理,盲目引种、调种,造成危险性病虫害迅速传播和蔓延。例如,黄瓜黑星病原本在东北零星发生,但目前已在东北三省大部分地区暴发流行,苗期严重发生时造成毁苗、绝产。目前,在北方主要省份(如山东、河北、山西、内蒙古、北京等)已有局部发生,并有向外扩散蔓延的趋势。由于病虫检疫环节薄弱,境外大量危险性病害进入我国,如美洲斑潜蝇,具有"超级害虫"之称的 B 型烟粉虱的发生,为害不断加重,加上环境污染、气体危害、农药及除草剂药害等,使保护地蔬菜上的病虫害变得复杂,未知病害不断增加,如黄瓜的黄斑病、辣椒花斑病、辣椒毛根病、茄子茎疫病以及在各种蔬菜上出现的花叶、斑驳、卷叶、焦边等疑似病毒病或生理病害的症状,目前尚不知其发病原因,防治上存在一定困难。

但是,在保护地环境下,并不是对各类病虫害的发生都有利。蔬菜上的病毒病是发生普遍、危害严重且难以防治的一类病害,在保护地的棚室中主要发生在夏秋播的番茄、甜椒及越冬的菠菜等蔬菜上,其危害程度一般低于同期露地栽培。西葫芦在大棚春季栽培,当夏季高温季节病毒病流行时已基本收获,因此要比露地栽培的病情及危害明显减轻。

总之,北方保护地蔬菜种植的发展不仅为北方蔬菜周年均衡供应,为城乡居民对蔬菜消费需求的不断增长以及出口创汇作出了巨大贡献,同时也改变了北方蔬菜种植方式,形成了保护地和露地混合、相互衔接周年不断的蔬菜生产方式。保护地不仅为蔬菜生长提供了温暖舒适的环境,同时也为病虫害的周年发生和流行创造了有利条件。因此,在病虫害防治上要把露地与保护地的防治工作兼顾起来,考虑全局,才能达到良好的防治效果。

为了北方蔬菜的可持续发展,不仅要不断改善保护地设施栽培的管理水平,还要搞好病虫害的防治工作,首先要有一批素质

第二章 植保员须掌握的基础知识

高、懂专业的植保员来完成。要出色地完成蔬菜病虫害的防治工作,就要不断加强学习,提高对植保岗位工作重要意义的认识,并要牢固掌握病虫害、农药等基础知识和实际应用的技能,为现代农业和新农村建设作出应有的贡献。

二、植物病害基础知识

(一)植物病害概念

植物生长离不开土壤、阳光、空气、水等条件,在这些植物生存所必需的生态环境中,存在着诸多影响植物正常生长的因素。当植物在生长发育过程中受到有害环境因素影响时,其正常的生理功能会受到干扰,如不能恢复正常,则会导致一系列生理功能上的病理变化,生长发育失常,在组织和形态上发生病变,造成产品数量、质量的降低和经济上的损失,这就是植物病害。

有害的生态环境因素很多,包括生物因素和非生物因素,单纯的机械损伤、旱涝冰雹以及昆虫、鸟兽的伤害而并不引起生理功能上的病变,这样的伤害,不属于植物病理学研究的范畴。所以只有能引起植物生理功能紊乱和一系列病变过程的才可称为植物病害,引起病害的因素,简称"病因"。

引起植物病害的因素可分为两大类,生物因素和非生物因素。生物因素主要是指能侵染和寄生在植物上的多种真菌、细菌、病毒、类菌质体、线虫以及寄生性种子植物等,这些能引起植物病害的寄生物称为病原物,被寄生的植物叫寄主。寄生在寄主植物上的病原物,吸取植物的营养进行生长繁殖,后经风、雨、昆虫或其他传媒介体传播到健康植株上进行再侵染,引起寄主植物发病。所以,由生物因素引起的病害,又称为传染性病害或侵染性病害,即通常称为传染病。

另一类病害,是由非生物因素引起的病害称为非侵染性病害,通常称为生理病害。如缺素症,由于营养失衡,代谢紊乱引起的番茄筋腐病和缺钙引起的脐腐病,因肥水管理不当引起的"沤根",局部高温和强光照引起的"日烧病",化学农药使用不当引起的药害以及大气污染、土壤有毒物质和污水灌溉等都能对植物造成危害。这些均属于生理病害。由于生理病害常常导致植物生长势衰弱、抗病力下降,容易受到各种病原物的侵染,导致发病,所以生理病害和侵染性病害有密切关系。在症状诊断上有时很难区分传染性病害和非传染性病害,尤其是病毒病害,这就需要认真调查和分析发生的原因,环境状况以及栽培管理情况,正确判断发病原因。

(二)植物非侵染性病害

非侵染性病害的病因很多,其中主要是来自于土壤、大气环境、环境污染以及由于栽培管理不当引起的危害。

1. 缺素症 植物所需的大量元素(如氮、磷、钾、钙、镁、硫)和微量元素(如铁、锰、锌、铜、硼、钼等),如果缺少或比例失衡,植物不能正常吸收利用时,就会呈现缺素现象,尤其在北方保护地蔬菜种植的棚室土壤里,因长年连续种植一种或几种蔬菜而造成缺素现象非常普遍。如番茄脐腐病,在果实顶端脐部出现深褐色凹陷的病斑,病因是缺钙引起的,实际上土壤里并不缺钙离子,而是钙离子处于不能被植物吸收的状态,或由于过量使用磷、钾肥而抑制钙离子的吸收,而高温、干旱也会影响钙离子的吸收。另一种普遍发生的缺素症是缺铁白化病,植物叶片内缺乏铁离子,则不能形成叶绿素,使植物呈现白化,缺铁白化一般出现在新叶上而老叶正常。番茄筋腐病症状是病果坚硬,形成褐色条纹,切开病果有坏死筋腐条纹,病因是由于代谢紊乱造成体内缺乏锌、镁、钙等多种元素的缺素症。缺硼引起顶芽或嫩叶基部变淡绿,茎叶扭曲,根部易开裂,心部易坏死,花粉发育不良影响授粉结实。如萝卜褐心,菜

第二章 植保员须掌握的基础知识

花空茎等现象。

2. 药害 药害产生的原因往往是农药使用浓度过高,或使用过期失效的农药,混配不当,或由于某些蔬菜对农药敏感,容易引起药害等。在生产实践中有时会将药害当成病害,盲目地防治,所以对药害的识别是非常必要的。如黄瓜对石灰特别敏感,所以黄瓜施用波尔多液时要谨慎使用,而蔬菜幼苗对波尔多铜离子反应敏感。

除草剂是杀伤高等植物的药剂,即便是具有选择性的除草剂,对栽培的蔬菜也有不同程度的杀伤作用,甚至前茬使用的除草剂对后茬作物也有很大影响,所以使用除草剂时要特别注意药害问题。邻近作物使用2,4-D丁酯除草剂飘移到蔬菜上,或在棚室内存放2,4-D丁酯气体的熏蒸作用,会造成新叶不能正常展开,变成线状皱缩的畸形叶,呈蕨叶型,常常误诊为病毒病害;使用高浓度蘸花激素或多次蘸花,易造成番茄畸形果、裂变果和空洞果。

3. 温度失调 高温、强光条件下,向阳果面的番茄、辣椒会发生日烧病,高温会造成叶片叶缘向下卷曲,萎蔫、干枯,甚至死苗;高温还会造成黄化、裂果等症状;低温会造成黄瓜的花打顶现象,或造成授粉不良而影响结果。

4. 有毒物质 邻近工厂的菜田会因工厂排出的烟、废气、污水以及汽车的尾气、粉尘等影响,而不能正常生长;土壤pH值失调易使铁、锰、锌、铜、铝等金属元素流失而不利于吸收,导致植物中毒或干扰钙元素的吸收;由于大量施用未腐熟的粪肥、绿肥,则因嫌气发酵产生的硫化氢等多种有毒物质,常常造成蔬菜苗黑根、沤根现象。

总之,非侵染性病害的诱因是很多的,造成的非侵染性病害的症状也是非常复杂的,在诊断上不容易区分,易造成误诊,尤其与病毒病害的症状混淆不清。侵染性病害具有从点片发生逐步发展蔓延的过程,而非侵染性病害则出现均匀一致的症状,没有明显的蔓延过程。精确的诊断还需要专业的化验分析来确诊。

(三)植物病原真菌

真菌是具有细胞核和细胞壁的异养生物,其种类繁多,分布广泛,是自然生态环境中的重要成员。大部分真菌是营腐生生活,在生态环境中起到"清洁工"的作用,它能把动物、植物等生物尸体分解成绿色植物所需要的营养成分,保持土壤的肥力。有些真菌可以寄生在昆虫、病原线虫和病原真菌体上,用作生物防治。在超过10万种真菌中,大约有8 000种真菌能寄生危害植物,在我国已经有报道的植物病害大约有700多种,这些真菌称为植物病原真菌。

1. 真菌的营养体和繁殖体

(1)营养体 真菌营养生长阶段的结构称为营养体。绝大多数真菌的营养体都是可分枝的丝状体,单根丝状体称为菌丝,许多菌丝在一起统称为菌丝体。菌丝通常呈圆管状,有分隔或无分隔,大多数真菌菌丝是无色透明的,内含细胞质、细胞核、液泡等,有些真菌细胞质中含有色素,可呈现不同的颜色。菌丝的繁殖力很强,只要有一小段菌丝就可以发育成新的个体。

真菌侵入寄主体内后,以菌丝体在寄主体内扩展。多数专性寄生真菌侵入寄主后,在细胞间隙生长,从菌丝上生出指状或分枝状的吸器,吸取寄主细胞内养分。

有的真菌菌丝体在不适宜的条件下或生长后期会发生变态,形成特殊的结构以度过不良环境。如菌核是由菌丝纠集在一起形成的颗粒状结构,形状如同菜籽、绿豆或鼠粪状;当菌丝呈平行排列聚集一起时就形成了菌索,如同植物的根,具有蔓延和侵染的作用;有的真菌菌丝与寄主部分组织结合形成垫状结构,称为子座,其上可产生繁殖体。

(2)繁殖体 真菌菌丝体发育到一定阶段便进入繁殖阶段,形成各种繁殖体(子实体),其繁殖方式分为有性繁殖和无性繁殖。

第二章 植保员须掌握的基础知识

真菌的无性繁殖方式是不经过两性细胞或性器官结合而直接通过营养体分化而形成的无性孢子,这种孢子相当于植物的种子,在传播和传代上起到非常大的作用,同时也是分类的依据。常见的无性孢子有以下几种。

①孢囊孢子和游动孢子:由菌丝直接产生或由菌丝体分化的孢囊梗产生。孢子囊萌发释放出游动孢子,孢子囊也可以直接萌发。如黄瓜霜霉病菌和疫霉病菌等。

②分生孢子:由菌丝形成的分生孢子梗产生。有的真菌分生孢子梗生在分生孢子盘或分生孢子器上,分生孢子盘和分生孢子器均由菌丝交织而成,形状如同盘状或瓶状,在寄主表皮下形成,成熟后露出表面,为小黑点状,成熟的分生孢子从梗上脱落传播并侵染。如番茄灰霉病菌和早疫病病菌等。

③粉孢子:由气生菌丝断裂形成的无性孢子,又称节孢子。如瓜类白粉病菌等。

④芽孢子:由菌丝或孢子芽生的突起,经生长发育成熟后,脱离母细胞而成新的个体。

⑤厚垣孢子:也称厚壁孢子。往往在不良的条件下,菌丝或孢子细胞原生质浓缩、细胞壁增厚而形成的休眠孢子。

真菌的有性繁殖是经过两性细胞或两性器官结合而产生有性孢子。真菌的性器官称为配子囊,性细胞称为配子。常见的有性孢子有以下几种。

①卵孢子:由两个异形配子囊结合而成,卵孢子厚壁、球形,能抵抗不良环境。

②接合孢子:由两个同形配子囊结合而成的球形、厚壁的休眠孢子。

③子囊孢子:由两个异形配子囊结合,先形成棒状的子囊,其内形成子囊孢子,子囊常常产生在有包被的子囊果里。常见的子囊果有闭囊壳、子囊壳和子囊盘。

有些真菌只有无性繁殖阶段,有性阶段尚未发现或不常发生;也有些真菌只产生有性阶段,而无性孢子很少产生;还有些真菌不形成任何孢子,全由菌丝完成生活史。

2. 真菌的类群及所致病害 生物分类学按各层次不同等级依次分为界、门、纲、目、科、属、种。20 世纪 60 年代旧的分类系统,生物的分类只有植物界和动物界,真菌归属于植物界下的菌藻植物门,真菌之下分为"三纲一类"(藻状菌纲、结合菌纲、子囊菌纲和半知菌类),按照现代的五界分类法(原核生物界、原生生物界、植物界、动物界和菌物界),真菌已经与植物界和动物界在分类地位上"平起平坐"。菌物界下分黏菌门和真菌门,真菌门之下又增设一级,分为五个亚门,下面就真菌门以下五个亚门中重要的植物病害,尤其蔬菜病害的分类地位作一简要介绍。

(1)鞭毛菌亚门 本亚门属低等类群的真菌,多生活在水中或潮湿的土壤中,而高等类群陆生。营养体多为无隔菌丝体,少数为单细胞。无性繁殖产生孢囊孢子和游动孢子,有性繁殖产生接合孢子或卵孢子。本亚门真菌有 4 个纲,9 个目,大约有 1 100 多种。

①根肿菌纲:根肿菌属,引起十字花科蔬菜根肿病等;粉痂菌属,引起马铃薯粉痂病等。

②卵菌纲:绵霉属、水霉属,引起水稻烂秧等;丝囊霉属,引起萝卜等根腐病;腐霉属,引起蔬菜苗期猝倒病和瓜果腐烂病;疫霉属,引起马铃薯、番茄晚疫病、辣椒疫病、茄子绵疫病等;霜霉属,引起大豆霜霉病等;假霜霉属,引起黄瓜霜霉病等。

(2)接合菌亚门 大多为腐生菌,营养体为无隔菌丝体。无性繁殖产生孢囊孢子,有性繁殖产生接合孢子,本亚门分接合菌纲和毛菌纲,约 600 种,大多数为工业发酵菌和人、畜寄生菌。重要的植物病原菌是根霉属和毛霉属引起瓜类腐烂和甘薯、水果贮藏期腐烂。

(3)子囊菌亚门 营养体为分枝发达的有隔菌丝体,无性繁殖主要产生分生孢子,有性繁殖产生子囊孢子。本亚门有6个纲,约2 800种。

①核菌纲:单丝壳属,引起瓜类、豆类白粉病;赤霉属,引起水稻恶苗病;顶囊壳属,引起小麦全蚀病;黑星菌属,引起苹果、梨黑星病。

②盘菌纲:核盘菌属,引起多种植物菌核病等。

(4)担子菌亚门　担子菌中高等的为腐生菌,许多是食用菌或药用菌,低等的为寄生菌。营养体为发达的有隔菌丝体,多数为双核菌丝体。多数担子菌没有无性繁殖,有性繁殖产生担子及担孢子。本亚门有3个纲,1 600多种。

①冬孢菌纲:柄锈菌属,引起小麦锈病等;单孢锈菌属,引起菜豆锈病等;黑粉菌属,引起小麦散黑粉病等。

②层菌纲中的银耳目、木耳目、蘑菇目等很多属是我国的食用、药用真菌。

(5)半知菌亚门　因不存在或没发现有性阶段,所以称为半知菌。营养体为分枝发达的有隔菌丝,无性繁殖产生各种类型的分生孢子。本亚门分3个纲,已知有17 000种,其中包括许多重要的植物病原菌,生防菌以及工业、医药真菌。

①丝孢纲:梨孢属,引起稻瘟病等;白僵菌属,生防菌;轮枝孢属,茄子、棉花黄萎病等;丝核菌属,引起菜苗立枯病等;镰孢菌属,引起黄瓜、番茄、菜豆、棉花枯萎病等;链格孢属,引起白菜黑斑病、棉花轮纹病等。葡萄孢属,引起葡萄、番茄、辣椒、黄瓜灰霉病等。

②腔孢纲:炭疽菌属,引起棉花、多种蔬菜炭疽病等;似茎点霉菌属,引起茄子褐纹病;大茎点菌属,引起苹果、梨轮纹病;壳囊孢菌属,引起苹果、梨腐烂病。

(四)植物病原病毒和类病毒

在19世纪90年代,医学上首先发现在光学显微镜下看不见而能引起狂犬病、牛痘和口蹄疫等传染病的"微生物",同时在植物上也发现正常的烟草接触另一株叶色深浅不匀、畸形皱缩有病的烟草后,正常烟草被传染,如果用病株叶片在健康植株上摩擦一下,几天后,健康植株也会显症,但在病株汁液里却看不到病原物,用细菌过滤器过滤,滤液仍能传染,于是认为病株汁液里有一种"过滤性病毒",是致病的原因。那时不明了这种"微生物"的本质,只知道具有毒力又能传染,因此将其称作病毒,也叫滤性病毒。后来电子显微镜用于研究植物病害,在病株汁液中观察到了病毒颗粒。

植物病毒病害给蔬菜造成的损失仅次于真菌病害。病毒粒体多为球形、杆状和线状,少数为弹状和双联体状等。病毒结构简单,无细胞形态,个体由核酸和蛋白质组成,蛋白质包围在核酸外面,形成衣壳,保护着核酸。由于病毒粒体微小,只能通过电子显微镜才能观察到其形态,加上传播途径多样,检疫和诊断相对更为复杂,又没有有效药剂防治,所以病毒病害是一类难防治的病害。

病毒是专性寄生物,只能在活的寄主细胞内或传毒介体细胞内存活和繁殖。核酸进入寄主细胞后,利用寄主的营养来合成病毒的核酸和蛋白质外壳,不断消耗寄主的养分来形成新的病毒粒体。这种特殊的繁殖方式叫增殖,也称为复制。病毒主要靠生物介体传播,如昆虫、螨类、线虫及真菌等。昆虫是最主要的传毒介体,其中蚜虫、叶蝉、飞虱是重要的传毒昆虫。另外,带毒种苗调运、嫁接、花粉以及汁液摩擦(即整枝打杈)也是重要的传播途径。

类病毒比病毒结构简单,没有蛋白质外壳,仅有裸露的核酸片段。带毒种子、无性繁殖材料、汁液接触以及昆虫都能传毒。

(五)植物病原细菌和菌原体

细菌的特点是形体小、分布广、繁殖快,在适宜的条件下,每隔20~30分钟就能繁殖一代。

细菌是具有细胞壁,但没有固定细胞核的单细胞原核生物。植物病原细菌在蔬菜上是比较重要的问题,如茄果类蔬菜的青枯病、溃疡病等,是一类难防治的病害。

(六)植物病原线虫

线虫又称蠕虫,线虫属于动物界线虫门,估计有50多万种,危害植物的线虫有5万种左右。大多数线虫是在水中和土壤中营腐生生活,少数寄生在动物或植物体上。寄生在植物上引起植物线虫病害。线虫除吸取植物营养外,主要分泌激素,使植物组织发生病变,刺激植物细胞过度生长,形成瘤状物,如番茄根结线虫病在根部形成鸡爪状根系。线虫的危害不仅是直接造成病变,而且由于线虫造成的伤口,为其他病原物的侵染提供了侵入的途径。

植物病原线虫细小,线状或圆筒状,肉眼很难看到,少数为雌、雄异型,雄虫线形,雌虫梨形。线虫的生活史包括卵、幼虫和成虫三个阶段。孵化后的幼虫在适宜的条件下便可侵入寄主,很多线虫必须在土壤中生活一段时间后,方可侵入寄主,因此土壤的质地、温度、湿度和氧气状况直接影响着线虫的侵入。一般土温在20℃~30℃、湿度较大、氧气充足、沙性土壤利于线虫的生长发育和侵入,线虫危害严重。

目前已知的危害蔬菜的线虫主要是根结线虫属中的南方根结线虫、北方根结线虫、花生根结线虫和爪哇根结线虫四种,其中最重要的是南方根结线虫。

(七)病害的侵染过程和侵染循环

1. 侵染过程(简称病程)   病程包括侵入前期(接触期)、侵入期、潜育期和发病期。

(1)侵入前期   病原物从越冬或越夏场所,传播到植物感病点,病原物可以通过主动和被动方式与植物接触,接触后,有一段生长或繁殖的阶段,积蓄侵染能力以达到侵入的目的,从病原物到达感病点至侵入前的一段时间称为侵入前期,这是病害防治的重要时期。

(2)侵入期 当病原物与植物接触后,往往通过伤口、自然孔口侵入,病原物从侵入开始,便与寄主建立了寄生关系,通过内寄生或外寄生从植物组织中获取营养。

①直接侵入:又称表皮侵入。这是许多病原真菌和线虫的主动侵入方式,而细菌、病毒和其他病原物不能直接侵入。如番茄炭疽病菌、灰霉病菌孢子萌发产生芽管,在芽管的顶端形成压力胞,压力胞牢固的黏附在寄主表皮上,然后在压力胞中央生出一个侵入钉,在侵入钉的机械压力和酶的分解联合作用下,穿透角质层和细胞壁,延伸到寄主细胞内形成侵染菌丝,以菌丝吸取营养。

②自然孔口侵入:植物体表有气孔、水孔、皮孔、蜜腺等。许多真菌、细菌由上述自然孔口侵入,从气孔侵入比较普遍,如黄瓜霜霉病菌或细菌性角斑病菌。黄瓜霜霉病菌孢子在叶片萌发后生成芽管,芽管伸长侵入气孔,侵染菌丝在细胞间延伸,接触细胞生出吸胞深入细胞内吸取营养,建立寄生关系,完成侵入。

③伤口侵入:植物体表受机械损伤,如整枝打杈,害虫造成的伤口,以及叶痕和支根形成的自然伤口,都是许多病菌侵入的途径。多数病菌能从伤口侵入,又可以从自然孔口侵入,而病毒只能从伤口侵入,而且要求是新鲜的微伤,介体昆虫、机械摩擦和嫁接造成的微伤是病毒的主要侵染途径。要完成侵入还需要适宜的湿度和温度。

(3)潜育期 从病原物侵入一直到表现明显症状为止的一段时间称为"潜育期"。潜育期是病原物在植物体内生长蔓延和繁殖的时期,也是寄主植物对病原物的扩展表现不同程度的抵抗性过程。植物病害种类不同,其潜育期长短有很大差别。有时病原物侵入植物组织后,由于环境因素和寄主抗性等原因,病原物不能扩展而处于休止状态,受侵染植物也不表现任何症状,只是暂时潜伏在寄主植物的某个部位,一旦寄主抗性降低或环境适宜病原物生长,植物才开始表现症状,这种现象称为潜伏侵染。

(4)发病期 病原物入侵后,经过潜育期,出现症状进入发病期。此时是病原物迅速扩展和繁殖的时期,也是植物组织受到严重破坏的时期,往往在发病部位长出许多病原物的繁殖体,如真菌病害的霉状物(即各种分生孢子)或细菌病害的菌脓等。

2. 侵染循环 侵染性病害从上一个生长季发病到下一个生长季再度发病的全部过程称为侵染循环。侵染循环包括病原物的越冬、越夏,病原物的传播,初侵染和再侵染3个环节。

(1)越冬、越夏 在北方,真正意义上的越冬、越夏是指露地蔬菜和大田作物,如小麦收获后,小麦锈病有越夏问题;玉米收获后,大、小斑病有越冬问题,但在蔬菜作物上,尤其是保护地蔬菜,根本不存在真正意义上的越冬越夏。这里所说的越冬越夏实际是前茬作物收获后,下一茬作物种植前的空闲期,也就是前茬蔬菜收获,没有寄主植物,病害停止活动的休止时期。

病原物的越冬和越夏包括在寄主内存活、营腐生生活和在寄主体外休眠3种方式。

①在寄主体内存活:如马铃薯晚疫病菌以菌丝体在受侵染的块茎中越冬,病毒病可在种苗、传毒昆虫和野生杂草中越冬。

②营腐生生活:是指腐生能力强的病菌,当田间没有适合的寄主时,它们可在植物病残体上或土壤肥料中营腐生生活,度过不良环境后,再遇到适宜的寄主后侵染危害,如引起立枯病的丝核菌和引起蔬菜幼苗猝倒病的腐霉菌。

③在寄主体外休眠:是指产生休眠器官的病菌,如产生的卵孢子、厚垣孢子、菌核、菌丝体等,线虫的卵、幼虫、成虫以及细菌,均可休眠越冬,度过不良环境,越冬场所有土壤、粪肥、病残体、或黏附在种苗、寄主表面休眠越冬。由于病原物的越冬和越夏期间处

于不活动状态,又比较集中,是病害侵染循环的薄弱环节。因此,了解病原物的越冬和越夏场所,并采取相应的防治措施,可达到良好的防治效果。

一般病害次侵染来源,就是病原的越冬或越夏的场所,其中包括种子、苗木和繁殖材料,田间病株,病株残体,土壤,粪肥以及昆虫或其他介体等。

(2)病原物的传播 经过越冬或越夏的病原物,经扩散与寄主植物接触并引起发病,要通过病原物的传播环节来完成。通过病原物自身活动主动扩散来传播,如线虫在土壤中的爬行,真菌游动孢子和细菌的游动等主动传播方式是短距离的,而且有限。而绝大多数病原物是依靠气流、雨水、灌溉、昆虫介体和人为因素来传播,这是病原物的主要传播方式。其中远距离传播的主要方式是调运和携带种子苗木以及各种农产品。

(3)初侵染和再侵染 越冬越夏的病原物,经过传播而到达植物的感病部位后,便可引起侵染,在植物生长季中的第一次侵染为初侵染,在适合发病的条件下,受到侵染的植株在病部产生繁殖体,经过传播再进行多次侵染,称之为再侵染(图2-1),如黄瓜霜霉病、番茄灰霉病、炭疽病等。有的病害在一个生长季中只有一次初侵染或再侵染不严重,如瓜类枯萎病、茄子黄萎病,虽然这些病害只有初侵染,但初侵染的来源却很多,如种子、土壤和粪肥等。

(八)侵染性病害的发生和流行

寄主植物遭受病原物的侵染后,经一系列病理变化,产生可见的症状,发病显症往往是从个别植株开始,逐渐蔓延至大面积的发生,这种由点片到大面积发病的过程,称为病害的流行。植物侵染性病害的发生和流行必须具备3个基本条件,即能致病的病原物、大量感病的寄主植物和适宜发病的环境条件。三个条件中,如果缺少其中任何一个条件,都不能形成病害流行。因此,人们把寄

第二章 植保员须掌握的基础知识

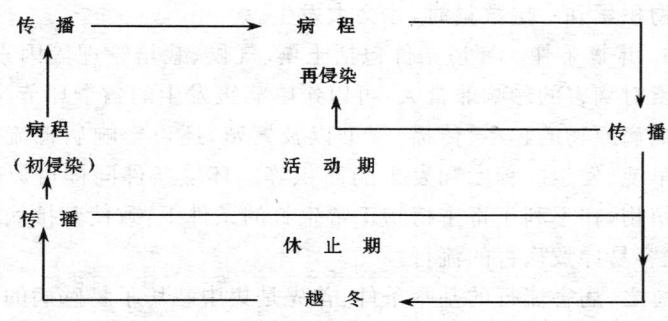

图 2-1 植物病害侵染循环示意

主、病原物和环境条件称为侵染性病害发生和流行的三要素。

1. 寄主 植物在自然环境中,如原始森林或天然草原中,在野生植物上虽然能看到各种各样的病害,但很少发展到毁灭性的程度。而栽培作物的情况则不同,大面积种植单一类的作物,单一品种、纯系品种,减少了种间和种内的差异性,有利于病原物的传染和繁殖。种植品种能抵抗某种主要病害,但可能容易感染另外的一些次要病害,一旦次要病害遇到适宜其大发生的传播条件时,次要病害就会大流行,上升为主要病害。总之,在自然条件下,由于种间和种内存在异质性,加上自然选择结果,寄主与病原物之间的相互斗争逐步达到"自然平衡",病原物不会绝种,寄主也不会被毁灭。但在农业栽培条件下,虽然通过各种防治方法减少某种病害的发生,这也会使其他的病害适应寄主的条件,造成发生和流行,维持一种潜在的平衡关系。

2. 病原物 病原物群体中存在差异,不同菌系或小种之间对寄主品种的致病性常有明显分化,当致病小种占优势时,病害易流行发生。如果检疫工作疏漏,引入了外来新的病原物,这也是造成病害流行的重要因素。病原菌的数量对病害的流行也有很大影响,如黄瓜枯萎病、茄子黄萎病以及根结线虫病,只有在土壤中的病原物积累到一定数量时,才会大发生。

3. 环境条件　环境条件包括土壤、气候、栽培管理等因素,这些因素对病害的影响非常大,可以影响病害发生的各个环节,不仅能影响病原物的越冬、传播、侵染以及繁殖,还可影响病害流行发生的早晚、发生的程度和发生的面积等。环境条件同样可以影响寄主植物,在不利于寄主植物正常生长的条件下,致使其抗病性降低,也容易导致病害的流行。

总之,病害流行的基本条件:首先是集中栽培了易感病的寄主植物,其次是有大量致病性强的病原物存在,并且具备有利于病原物的侵染、繁殖、传播、越冬,而不利于寄主植物的抗病性的气象、土壤因素以及栽培管理条件,三者同等重要,缺一不可。生产实践中,在田间并非总是同时存在这三个基本要素,在不同地区,不同年份经常会有很大变化,常出现不利病害流行或限制病害流行的因素,在三个因素中能控制、限制、左右病害流行的因素,又称为主导因素。例如,流行性很强的黄瓜霜霉病,在品种和病原菌没有改变的情况下,霜霉病能否流行,取决于黄瓜叶片上露水和水膜形成的时间和程度,有经验的菜农,通过通风调节温、湿度,控制叶片结露和水膜的形成,以达到控制霜霉病流行的目的,这就是生态防治的原理。

因此,经常调查、分析和认识病害流行中的主导因素是病害预测预报和防治中的重要环节。

(九)侵染性病害的诊断

病害的诊断是一项十分复杂且重要的工作,只有通过正确的诊断才能"对症下药",采取正确的防治措施,达到预期的目的和效果。

生产中遇到的植物病害的种类繁多,每种病害的症状和发生规律又不相同,甚至存在很多差异。因此,要正确地判断出疑难病

第二章 植保员须掌握的基础知识

害,必须掌握前面介绍的基本知识和诊断的必要步骤。

诊断工作包括症状观察、田间调查和鉴定病原物3个步骤。

第一,要进行现场的症状观察。在田间观察时首先要区分是否是虫害或其他伤害,是不是喷药引起的药害,或水肥管理不当、温湿度不适引起的非侵染性病害,当排除上述的伤害或非侵染性病害后,我们应连续观察症状的发展情况,进行下面的诊断工作。

第二,进行田间调查。侵染性病害往往是由很小的病斑或中心病株逐步发展扩大的,在田间有从点扩大成片的趋势,再进一步发展会在病部出现霉状物、粉状物或溢脓等病征,根据这些病症往往可以初步诊断出病害的种类,如果还不能确定,就要进行进一步鉴定。

第三,进行室内病原鉴定。借助显微镜对病原物作进一步的观察和鉴定,如果是疑难或新发现的病害,还必须经过对病原物的分离、培养和人工接种,经过人工接种后出现与原来完全相同的症状,最后才能确定所分离的病原物是致病菌,即通过柯赫氏法则的诊断。

在生产中病害的诊断主要靠病害的症状,病害症状是侵染性病害和非侵染性病害在形态上可见的综合表现,一般分为病状和病征两个部分。病状是植物本身出现的不正常状态,病征则是在发病部位产生的病原物的繁殖体如霉状物、粉状物、锈状物或菌脓等特征。大部分病害的名称就是根据病状或病征而得名的,所以认识病状或病征是做好病害诊断的重要依据。当出现上述某些病征时比较容易地鉴别出是哪一种病害,病征是大多数真菌病害和细菌病害具有的特征,而非侵染性病害以及病毒病害是没有病征的。

病状是发病植物本身表现出来的不正常状态,既表现外部病状,也出现组织内部病状,一般在诊断上是观察外部病状,外部病状可归纳为以下五大类别。

1. 变色 变色是指植物受侵染后,主要在叶片、果实上及花上细胞色素发生的变化,但植物细胞并没有死亡,只是颜色与正常植株不同,可能是整株也可能是局部颜色的改变,主要表现以下几种。

(1)褪绿 叶绿素减少,叶片均匀褪色,呈浅绿色。

(2)黄化 叶绿素不能形成或减少,叶黄素增多,颜色变黄。

(3)红化 由于红色花青素积累,使叶色变红或紫红色。

(4)银叶 叶色均匀变白,呈银白色,如西葫芦银叶病。

(5)花叶 叶色浓淡不均,变色部分轮廓清晰,呈镶嵌状。

2. 坏死 植物部分细胞和局部组织死亡,但保持原有细胞和组织的外形轮廓,并伴随颜色的变化,往往由绿色变为褐色或灰白色。常见的有以下几种病斑。

(1)角斑 病斑扩展受叶脉限制,形成多角形病斑。

(2)条斑、圆斑 坏死斑呈条状称条斑;形成圆形或椭圆形,又有大斑、小斑和黑斑、褐斑等之分。

(3)轮纹 病斑呈同心轮状,形成色泽深浅不一的轮纹。

(4)穿孔 病斑坏死组织脱落,形成穿孔。

(5)叶烧 叶尖或叶缘组织快速而大面积死亡干枯,颜色变褐,像是火烧状。

如果坏死发生在幼苗的根或茎基部,完全阻断水分和营养物质的输导,可造成以下病状。

(1)猝倒 植株幼苗死亡并迅速倒伏。

(2)立枯 整株逐渐枯死,站立而不倒伏。

(3)青枯 造成地上部迅速失水死亡,但植株保持绿色,称为青枯。

3. 腐烂 植物组织大面积分解和腐败,细胞消解,组织破坏,常伴有特殊气味或流胶出现,常见的有软腐和干腐,根据腐烂发生的部位又可分为根腐、茎腐、果腐、花腐等。

(1) 软腐　细胞壁中胶层被病菌消解,细胞离析,组织软烂。
(2) 干腐　坏死细胞消解缓慢,腐烂组织水分蒸发,使组织干缩。

4. 萎蔫　植物根茎的维管束受到破坏,阻碍水分正常运输,造成叶片和植株的萎蔫下垂,常见的如枯萎病和黄萎病。

5. 畸形　受害组织的细胞分裂异常,造成促进性或抑制性病变,致使植株全株或局部表现畸形。常见的有以下几种情况。

(1) 矮缩　节间生长受到抑制,节间变短,植株矮缩。
(2) 丛生　植株的侧芽成丛长出许多分支或叶片,俗称疯枝。
(3) 皱缩　叶脉生长受到抑制而叶肉照常生长,使叶片凹凸不平。
(4) 卷叶　叶片卷曲,不能展开。
(5) 蕨叶、线叶　叶片变窄,形似蕨类植物叶形。
(6) 根结、根癌　根结主要发生在侧根上,形成大小不同的瘤状物,形同鸡爪;根癌发生在近地面根部,形状不规则的癌。

下面就几类传染性病害的诊断方法,简单介绍如下。

① 真菌病害的诊断:真菌病害的主要病状有变色、坏死、萎蔫和畸形;病征常出现霉状物(白色、灰色和黑色霉状物)、粉状物、锈状物等,在田间病状结合病征基本可以确诊;如果不能确诊,就要进行上面所述的室内鉴定方法。

② 病毒病害的诊断:病毒病害的病状多为花叶、黄化、卷曲、皱缩和矮化等,病毒病只有病状而没有病征,大多数是全株发病。在诊断病毒病害时要注意两个问题,一是在高温气候条件下,病毒病害有症状隐蔽现象,当气温恢复正常后症状会重新出现;二是要注意与非侵染性病害(即生理病害)的区别,如叶片黄化可能是因施肥不当引起的缺素症,也可能是病毒侵染引起的病毒病害,如若确诊,首先要分析施肥、灌水以及气候和土壤与发病的关系,在田间进行系统观察,如果是生理病害在田间出现的症状往往是普遍而

均匀一致的,而病毒病害会有个扩展的趋势,即向外发展的过程。最后还必须通过嫁接、汁液摩擦或昆虫传毒等接种试验来证明其传染性才能确诊。

③细菌病害的诊断:细菌病害的主要症状有斑点、溃疡、腐烂、萎蔫和畸形。细菌侵染引起的叶斑初期呈油浸状半透明状,病斑常被叶脉限制呈多角形,如黄瓜细菌角斑病;有的褪绿病斑外面出现黄色晕圈,如菜豆细菌性疫病。病斑发展后期,在潮湿的气候条件下,从病部往往会出现黏稠状菌脓。造成腐烂性的细菌病害有臭味。萎蔫性细菌病害,可见维管束变成褐色,用手挤压能从维管束流出黏液,也可将病组织洗净,剪下一小段放在盛水的瓶里,经过一段时间后,可看到剪口处流出浑浊的菌液。在室内可将病部切取一小段,放在玻片的水滴中,在显微镜下观察,在切口处会有乳白色云雾状菌液流出,基本可以确定为细菌病害。

④线虫病害的诊断:线虫在土壤中的危害往往不容易被人发现,常出现的症状是缓慢的衰退现象,如植株矮小、叶片黄化、结果小而少;根部出现丛生、肿瘤、根结如鸡爪状。在室内可做成病理切片进行显微镜观察。

三、农业昆虫基础知识

昆虫属于动物界中无脊椎动物节肢动物门昆虫纲,是动物界中种类最多、分布最广、种群数量最大的类群。动物界有350万多种,已知昆虫种类110多万种,约占动物界的2/3。昆虫不仅种类多,而且与人类的关系非常密切,许多昆虫可为害农作物,传播人、畜疾病。也有很多昆虫具有重要的经济价值,如家蚕、柞蚕、蜜蜂、紫胶虫、白蜡虫等,有的昆虫能帮助植物传播花粉,有的能协助人们消灭害虫。农业昆虫是指为害农作物的昆虫和天敌昆虫,还包括蜘蛛纲的蜘蛛和螨类以及蜗牛和蛞蝓等。

第二章　植保员须掌握的基础知识

(一)昆虫的形态和繁殖

1. 昆虫的形态特征　昆虫最主要的特征是其成虫的体躯明显的分为头、胸、腹三段,胸部一般有两对翅,三对足。根据这些特征就能与其他节肢动物区分开来。

(1)头部　头部着生触角、眼等感觉器官和取食的口器。触角的形状因昆虫的种类和性别而有变化;昆虫的眼一般有复眼和单眼;昆虫的口器有多种类型,如具有虹吸式口器的蝶类、蛾类,其幼虫常常是咀嚼式口器;舔吸式的蝇类;锉吸式的蓟马。

农作物上主要害虫的两类口器:一是咀嚼式:如小菜蛾、菜青虫、棉铃虫等,具有咀嚼式口器的害虫咬食植物叶片造成缺刻、孔洞,或吃掉叶肉仅留叶脉;钻蛀茎秆或果实的造成空洞和隧道,为害幼苗的咬断根茎。二是刺吸式:如蚜虫、白粉虱、叶蝉等,刺吸式口器的害虫以取食植物汁液来为害植物,在被害处形成斑点或造成破叶,严重时引起畸形,如卷叶、皱缩、虫瘿等,很多刺吸式害虫是植物病毒的传播者,因传毒造成的损失往往比害虫本身造成的损失还要大。

(2)胸部　胸部分前胸、中胸和后胸;每节胸的侧下方着生一对足,分别称为前足、中足和后足;中胸和后胸背上各有一对翅;昆虫的翅有透明的膜翅,如蚜虫、蜂类;有保护和飞翔作用的覆翅,如蝗虫、蝼蛄等;有蛾、蝶类的鳞翅等。昆虫翅的类型是昆虫分类的主要依据。

(3)腹部　一般由9~11节组成,腹内有内脏器官和生殖器官。昆虫雄性外生殖器叫交尾器,雌性外生殖器称为产卵器,昆虫可将卵产在植物体内或土壤中。

(4)昆虫的体壁　昆虫的体躯被骨化的几丁质包被,称为外骨骼。其功能是保持体形、保护内脏、防止体内水分蒸发和外物侵入;体壁上的鳞片、刚毛、刺等,上表皮的蜡层、护蜡层均会影响昆虫体表的黏着性,所以具有脂溶性好、又有一定水溶性的杀虫剂能通过昆虫的上表皮和内外表皮,表现比较好的杀虫效果。同一种的昆虫低龄期比老龄期体壁薄,药液比较容易进入体内,因此在低龄期施药,药效能大大提高。

2. 昆虫的繁殖和发育

(1)生殖方式 昆虫是雌雄异体的动物,绝大多数昆虫需经过雌雄交尾,受精卵产出体外才能发育成新的个体,这种繁殖方式称为有性生殖。但有些昆虫的卵不经过受精也能发育,这种繁殖方式称为孤雌生殖,孤雌生殖对昆虫的扩散具有重要作用,因为只要有一头雌虫传到一个新的地方,在适宜的环境中就能大量繁殖。害虫还有一种繁殖方式叫卵胎生,即卵在母体内发育成幼虫后才产出体外的生殖方式。

(2)龄期 昆虫的发育是从卵孵化开始,从卵孵化出的幼虫叫一龄幼虫,经第一次蜕皮后的幼虫为二龄幼虫,前一次蜕皮到后一次蜕皮的时间称为龄期,一般昆虫在三龄期以后因外壁和蜡质加厚往往抗药性增强。因此,三龄幼虫前进行化学药剂防治效果较好。幼虫发育到成虫以后便不再蜕皮。

(3)发生世代 从卵孵化经几次蜕皮后发育为成虫,称为一个世代。经过越冬后开始活动,至翌年越冬结束的时间称为生活史,不同的昆虫因每一世代长短不同,所发生的世代也不同,有的昆虫一年只发生一个世代,有的昆虫几年才完成一个世代,如金龟子;但多数昆虫一年能发生几个世代,如蚜虫、棉铃虫、小菜蛾等。昆虫一年能发生多少世代,常随其分布的地理环境不同而异,一般南方比北方发生世代多。

经越冬后昆虫出现最早的时间称始发期,在一个生长季中昆虫发生最多的时期称为盛发期,昆虫快要终止时称为发生末期。不少昆虫由于产卵期拉得很长以及龄期的差异,同一世代的个体有先有后,在田间同一个时期,可以看到上世代的个体与下一个世代的个体同时存在的现象,这称为世代重叠或世代交替。

(4)变态类型 昆虫从卵孵化到成虫性成熟的发育过程中,除内部器官发生一系列变化外,外部形态也发生不同形体的变化,这种虫态变化的现象称为昆虫的变态。常见的变态有以下两种。

①不完全变态:昆虫一生经过卵、若虫、成虫三个阶段,若虫的形态和生活习性和成虫基本相同,只是体型大小和发育程度上有所差别。如蝗虫、叶蝉、椿象等。

②完全变态:昆虫一生经过卵、幼虫、蛹、成虫四个阶段,幼虫在形态和生活习性上与成虫截然不同,完全变态必须经过蛹期才能变为成虫。如菜青虫、烟青虫、金龟子等。

(二)昆虫的习性

1. 昆虫的食性

(1)植食性 以植物及其产品为食的昆虫称为植食性昆虫。植食性昆虫的食性是有选择性的,有的昆虫只吃一种作物,如小麦吸浆虫、豌豆象,称为单食性害虫;有的吃某一类作物,如菜青虫,只吃十字花科蔬菜,称为寡食性害虫;有的吃多种不同植物,如棉铃虫、地老虎、蝼蛄等,称多食性害虫。

(2)肉食性 以活的动物体为食的昆虫成为肉食性昆虫。肉食性昆虫多数是益虫,如捕食性的瓢虫、草蛉以及寄生性的赤眼蜂、丽蚜小蜂等。

(3)腐食性 以动物的尸体、粪便和腐烂的动植物组织为食的昆虫,称为腐食性昆虫。如食粪蜣螂。

2. 多型现象 在同一种群中往往存在习性上和形态上多样化的现象,如白蚁是营家族性生活,各有不同分工,有蚁皇、蚁后、兵蚁、工蚁等,蚜虫有无翅型和有翅型,飞虱有短翅型和长翅型之分,这种现象叫作多型现象。

3. 补充营养 昆虫发育到成虫后,为了满足性器官发育和卵的成熟,需要补充营养,如黏虫、地老虎和草蛉,利用这一特性,可以用糖蜜诱杀黏虫和地老虎的成虫,也可以在早春种植蜜源开花植物招引天敌昆虫草蛉来栖息。

4. 昆虫的趋性 在生产上有重要作用的是昆虫的趋光性和趋化性,大多数夜出活动的昆虫,如蛾类、金龟子、蝼蛄、叶蝉、飞虱等,有很强的趋光性,这是黑光灯诱杀害虫的科学依据。蚜虫、白粉虱、叶蝉等对黄色有明显的趋向性,这是黄板诱杀的原理。趋化性是昆虫对某些化学物质刺激的反应,昆虫在取食、交尾、产卵时尤为明显,如菜粉蝶趋向含有芥子油的十字花科蔬菜,利用糖醋诱杀害虫也是利用昆虫的趋化性。

5. 群集性 有些昆虫具有大量个体群集的现象。如地老虎在春季常在苜蓿地、棉苗地大量发生,但经过一段时间后,这种群集就会消失,而飞蝗个体群集后就不再分离。

6. 扩散与迁飞性 蚜虫在环境不适宜时,以有翅蚜在蔬菜田内扩散或向邻近菜地转移;东亚飞蝗、黏虫、褐飞虱等害虫则有季节性的南北迁飞为害的习性。

(三)害虫的发生与环境的关系

影响害虫发生的时间、地区、发生数量以及为害程度是与环境密切相关的。影响害虫发生的时间及为害程度的环境因素中,主要有以下三方面。

1. 食物因素 农作物不仅是害虫的栖息场所,而且还是害虫的食物来源,害虫与其寄主植物世代相处,已经在生物学上产生了适应的关系,也就是害虫的取食具有一定选择性,既有喜欢吃的也有不喜欢吃的植物。如保护地种植的番茄、辣椒是白粉虱喜欢的寄主,容易造成大发生,甚至大暴发;而种植芹菜、蒜黄等白粉虱不喜欢吃的植物就可避免大发生。所以,改变种植品种、布局、播期以及管理措施等都可以很大程度上影响害虫的发生程度。

2. 气象因素 气象因素包括温度、湿度、风、雨、光等,其中温度、湿度影响最大。昆虫是变温动物,其体温随环境温度的变化而变化,所以昆虫的生长发育直接受温度的影响,可以影响害虫发生的早晚,每年发生的世代数;湿度与雨水对害虫的影响表现是,有些害虫在潮湿雨水大的条件下不易存活,如蚜虫、红蜘蛛喜欢干旱的环境条件。

3. 天敌因素 害虫的天敌是抑制害虫种群的十分重要的因素,在自然条件下,天敌对害虫的抑制能力可以达到 20%～30%,不可低估天敌的抑制能力。了解和认识昆虫的天敌是为了保护和利用天敌,达到抑制或防治害虫的目的。害虫天敌是自然界中对农业害虫具有捕食、寄生能力的一切生物的统称,昆虫的天敌主要包括以下三类。

(1)天敌昆虫 包括捕食性和寄生性两类,捕食性的有螳螂、草蛉、虎甲、步甲、瓢甲、食蚜蝇等。寄生性的以膜翅目、双翅目昆虫利用价值最大,如赤眼蜂、蚜茧蜂、寄生蝇等。

(2)致病微生物 目前研究和应用较多的昆虫病原细菌为芽孢杆菌,如苏芸金杆菌。病原真菌中比较重要的有白僵菌、蚜霉菌等。昆虫病毒最常见的是核型多角体病毒。

(3)其他食虫动物 包括蜘蛛、食虫螨、青蛙、鸟类及家禽等,它们多为捕食性(少数螨类为寄生性),能取食大量害虫。

(四)农业昆虫的重要类别

昆虫的分类地位是动物界节肢动物门昆虫纲,纲以下是目、科、属、种四个阶元,再细分可在各阶元下设"亚"级,在目、科之上设"总"级。

种是昆虫分类的基本阶元,并用国际上通用的拉丁文书写,由属名、种名和定名人三部分组成。了解和认识昆虫的分类是识别昆虫的基本常识,昆虫纲分 33 个目,其中与农业生产关系比较密切的有以下各目。

1. 鞘翅目 鞘翅目是昆虫纲中最大的目,通称为"甲虫",体壁坚硬,口器为咀嚼式口器,多数植食性,少数肉食和粪食性;成虫有假死性,大多数有趋光性。

(1) 金龟总科 成虫体型较大,鞘翅坚硬,幼虫称为蛴螬,生活在地下或腐败物中,如华北大黑鳃金龟、铜绿丽金龟是北方重要的地下害虫。

(2) 叶甲科 体型多为卵形和半球形,多有金属光泽,故有"金花甲"之称。如黄条跳甲。

(3) 瓢甲科 体型小,体背隆起呈半球形,鞘翅常具有红色、黄色、黑色等星斑。多数为肉食性,如捕食蚜虫的七星瓢虫;少数为植食性害虫,如二十八星瓢虫。

2. 鳞翅目 本目是昆虫纲中仅次于鞘翅目的第二大目,包括蛾和蝶两大类,成虫体翅上密布各种颜色的鳞片组成不同的花纹,这是重要的分类特征。全变态,成虫为虹吸式口器,幼虫为咀嚼式口器,大多数为植食性,多为重要的农业害虫,少数如家蚕、柞蚕是益虫。

(1) 粉蝶科 如菜粉蝶,幼虫菜青虫。

(2) 螟蛾科 如豆荚螟、玉米螟。

(3) 夜蛾科 如棉铃虫、斜纹夜蛾、小地老虎。

(4) 菜蛾科 如小菜蛾。

3. 同翅目 刺吸式口器,不完全变态,分有翅型和无翅型,长翅型和短翅型等多型现象,全部为植食性。

(1) 蚜科 如蚜虫,常有世代交替或转换寄主现象,同种有无翅和有翅两种类型。

(2) 粉虱科 如温室白粉虱、烟粉虱。

(3) 叶蝉科 如绿叶蝉。

(4) 飞虱科 如稻灰飞虱、褐飞虱等。

(5)蚧总科 如吹绵蚧、粉蚧。

4. 直翅目 咀嚼式口器,不完全变态,多为植食性。

(1)蝗科 如东亚飞蝗。

(2)蝼蛄科 如华北蝼蛄。

5. 半翅目 通称为椿象,如稻绿蝽。

6. 膜翅目 本目包括各种蜂和蚂蚁。主要的科是:赤眼蜂科:能寄生在多种昆虫的卵中,如小赤眼蜂,是当前生产上防治玉米螟的重要天敌昆虫。

7. 双翅目 包括各种蚊、蝇等。

(1)食蚜蝇科 多为捕食性,可捕食蚜虫、介壳虫等害虫。如大灰食蚜蝇。

(2)潜蝇科 如美洲斑潜蝇。

(五)农业害螨

螨类不同于昆虫,螨类通称红蜘蛛、锈壁虱。螨类属于节肢动物门、蛛形纲、蜱螨目。螨类体型小,肉眼很难看见。螨类不分头、胸、腹,体型为卵形或椭圆形,口器分为咀嚼式和刺吸式。螨类的繁殖多数为两性卵生,经卵、幼螨、若螨、成螨。螨类多为植食性,也有能捕食其他害螨的螨类,可在生物防治中利用。

1. 叶螨科 通称红蜘蛛,全部为植食性,重要的害螨有棉红蜘蛛(朱砂叶螨)、二斑叶螨、山楂红蜘蛛、苹果叶螨等。

2. 跗线叶螨科 重要的害螨是茶黄螨等。

3. 真足螨科 也称红蜘蛛,重要的害螨是麦圆红蜘蛛等。

4. 叶瘿螨科 通称锈壁虱,重要的害螨有柑橘锈壁虱、葡萄锈壁虱等。

5. 粉螨科 重要的害螨是粉螨,为仓库害螨。

6. 植绥螨科 主要有智利小植绥螨、盲走螨、纽氏钝绥螨等,均是叶螨类的天敌,用于温室防治多种红蜘蛛。

四、农药(械)的基础知识

在我国,经农药厂或农药研究所合成或提炼的杀虫剂、杀螨剂、杀菌剂、生长调节剂、除草剂和杀鼠剂等原药大约有 300 种,通过加工可制成不同剂型的制剂,登记注册的农药种类有 2 万多种,一药多名现象严重,给使用者造成极大不便。由于不同品种及不同剂型的农药,在防治对象和使用方法上有很大区别,所以稍有疏忽,不仅造成浪费而且达不到防治效果,使用不当极易出现药害,还容易造成农药残留和环境污染,甚至造成人、畜中毒。所以,了解农药的种类和剂型,掌握施药原则和注意事项,认识农药理化特性,有针对性地选用农药就显得更为重要。

(一)农药的种类

1. 按有效成分的来源分类 可分为矿物源农药(如石灰、硫黄、硫酸铜等)、植物源农药(如鱼藤粉、苦楝、烟碱等)、生物农药(如苏芸金杆菌、赤眼蜂、抗菌素等)和化学合成农药四大类。

2. 按化学结构分类 分为有机磷、氨基甲酸酯、拟除虫菊酯类、有机硫化合物、酰胺类化合物、脲类化合物、醚类化合物、酚类化合物、苯甲酸类、三唑类、杂环类等。

3. 按防治对象分类 分为杀虫剂、杀螨剂、杀菌剂、杀鼠剂、杀线虫剂、除草剂和植物生长调节剂。

(二)农药的剂型

经农药厂合成或提炼的未经加工的农药称之为原药,有固体的原粉和液体的原油,绝大多数原药必须经过加工才能使用,在原药中加入填充剂或辅助剂后经过加工便成为不同的农药剂型,一种原药可以加工成不同的剂型,加工成不同剂型的农药称为农药制剂。

随着农药科技的发展,农药的剂型也不断地改进,如用水替代有机溶剂的水基型农药,如微乳剂、微胶囊剂、水分散粒剂、水悬剂等,由于减少或没有有机溶剂,所以减少药害和对环境的污染,是农药的发展方向。下面简单介绍几种常用和新剂型农药的主要特性。

1. 粉剂(DP) 粉剂是由原药、填料(如黏土、高岭土、滑石、硅藻土等)和助剂混合后,粉碎成一定细度而制成的,是专供喷粉用的剂型。该制剂的优点是可直接喷撒,工效高,不需要水,适合在保护地施用,可以降低棚室内的湿度,有利于病害的防治。粉剂主要用于喷粉、撒粉、拌毒土等,不能加水喷雾。另外,粉剂也可制成毒饵、毒土使用。

2. 可湿性粉剂(WP) 可湿性粉剂是由农药原药、填料和湿润剂混合加工而成。对该制剂的要求应有好的湿润性和较高的悬浮率,悬浮率差往往引起药害,而决定悬浮率的高低与粉粒的细度、湿润剂种类等有关。

3. 乳油(EC) 乳油是由农药原药、溶剂和乳化剂组成,常用的溶剂有二甲苯、苯、甲苯等。乳化剂是降低不相溶的两种液体(如油和水)界面上的表面张力,使其中一种液体以细小液滴均匀分布在另一液体中,形成半透明或不透明的乳状液体。

4. 烟剂(FU) 烟剂是由农药原药、助燃剂(氧化剂,如硝酸钾)、燃料(如木屑粉)、消燃剂(如陶土)等制成的粉状物。农药有效成分因受热而气化,在空气中受冷又凝聚成固体微粒成烟,有的原药在常温下是液体,气化后在空气中凝结为液体微粒成雾状,因此也称为烟雾剂。烟剂的优点是分散度高,以烟雾的形式充满保护的空间,并慢慢沉积在植物表面上,非常适合在保护地施用,可有效防治病虫害。

5. 颗粒剂(GR) 颗粒剂分遇水解体型和不解体型两种,遇水解体型的载体有：陶土、硅藻土等；遇水不解体型的载体有：炉渣、沸石、锯末等。该制剂的特点是使用方便，施药可以定向；对天敌安全；有效成分释放缓慢；对植物安全；对环境污染比较小。

6. 悬浮剂（SC） 悬浮剂又称胶悬剂，是使不溶于水或微溶于水的固体原药与载体、分散剂、助剂，经超微粉碎后均匀分布在水中，形成细小的悬浮液。该制剂的特点是粒子小，使活性面积增大，提高药效；渗透性增强；展着性好；水为介质无有机溶剂，对作物安全；无粉尘。

7. 微乳剂（ME） 属水基化农药，有取代乳剂趋势的新剂型，没有有机溶剂或少量有机溶剂，因此对作物安全，环境污染小，对人、畜安全。该制剂的特点是粒子小，在0.01～0.1微米，外观近透明；附着力和穿透性好；增强稳定性；提高药效。

8. 水分散粒剂（WG） 在可湿性粉剂或悬浮剂中加入隔离剂等助剂，经再加工后形成的以水为介质的新剂型。该制剂的特点是使用方便，无粉尘飞扬；增加渗透性和附着力；节约成本，提高药效。

（三）农药的毒性和残留

1. 农药的毒性 农药对高等动物的毒性，通常用大白鼠、小白鼠等动物，通过不同的给药途径和给药量来获得某种农药对某种动物的毒性评价。衡量或表示农药急性毒性程度，常用致死中量（LD_{50}）作为指标。所谓致死中量，就是杀死一半供试动物所需的药量，数量单位是急性经口和经皮的毫克/千克体重，即多少千克重的动物被杀死一半所需农药的毫克数。凡 LD_{50} 数值大，表示所需药量多，农药的毒性低，反之则毒性高。我国农药急性毒性比较常见的分级标准见表2-1。

2-1 我国农药急性毒性比较常用的分级标准

分级	高毒	中毒	低毒
大鼠经口 LD_{50}（毫克/千克）	<50	50~500	>500

从表 2-1 可以看出，低毒农药应是大鼠经口 LD_{50} 大于 500 毫克。农药的毒性的评价是比较复杂的问题，不仅要通过大白鼠致死药量的测定，还要考虑慢性毒性、残留毒性和积累毒性等综合因素来评价该农药的毒性大小。有的农药如杀虫脒按上述标准测定毒性并不高，但慢性毒性却很突出，对人的潜在危害较大，因此被禁用。

2. 农药残留 是指农药施用后，在一定时期内没有被分解而残留于作物、土壤、水源、大气中的微量农药及其他有毒物质的总称。农药的残留毒性主要包括两方面的问题，一是指在使用农药的蔬菜上的农药残留，另一是指落入土壤、水源里的农药又被蔬菜或其他生物吸收、积累的残留问题。

蔬菜上的农药残留是普遍而突出的，由于在蔬菜病虫害防治上缺乏应有的科学使用农药知识，滥用农药，或为了争取早上市而使用化学制剂、激素类物质催熟，有的违反施用农药安全期的规定，临近收获期用药，导致了蔬菜产品中农药残留量超出国家标准，造成人、畜中毒，甚至死亡。有些农药性质非常稳定，在土壤中不易被分解（如六六六等可在土壤里残存几十年），当将蔬菜种植在这样的土壤中时，残留在土壤里的农药，又被蔬菜吸收而使得蔬菜中农药残留量超标。因此，对于土壤中的残留农药，应正确对待，予以重视。

农药残留问题是人们关心的问题，更是我国政府和主管部门十分关注的大问题。为了解决蔬菜农药残留问题，有关部门出台了许多法律法规，建立了种植、运输、销售等一系列完善的监测系统，对常用的农药残留制定了强制性标准，虽然尚不够完善，还未与国际接轨,但为让人们吃到"放心菜"提供了一定的保障。

目前,我国已经制定了与蔬菜有关的强制性国家标准35项,涉及农药残留指标58项,农药52种,名称如下:对硫磷、马拉硫磷、甲胺磷、甲拌磷、久效磷、氧化乐果、克百威、涕灭威、六六六、敌敌畏、DDT、乐果、杀螟硫磷、倍硫磷、辛硫磷、乙酰甲胺磷、二嗪磷、喹硫磷、敌百虫、亚胺硫磷、毒死蜱、抗蚜威、甲萘威、氯菊酯、溴氰菊酯、氯氰菊酯、氰戊菊酯、氟氰戊菊酯、顺式氰戊菊酯、联苯菊酯、三氟氯氰菊酯、顺式氯氰菊酯、甲氰菊酯、氟胺氰菊酯、三唑酮、多菌灵、百菌清、睡嗪酮、五氯硝基苯、除虫脲、灭幼脲、双甲脒、敌菌灵、异菌脲、代森锰锌、灭多威、克螨特、腐霉利、乙烯菌核利、甲霜灵、伏杀硫磷、2,4-D。其中有些农药已经明文规定被禁止在蔬菜上使用,如对硫磷、马拉硫磷、甲胺磷、甲拌磷、久效磷、氧化乐果、克百威、涕灭威、六六六、敌敌畏、DDT、乐果、杀螟硫磷、倍硫磷等,有些应严格控制使用。

3. 注意事项 解决蔬菜上的农药残留问题,应注意以下几个方面。

(1)严格控制农药使用范围 禁止在蔬菜上使用高毒、高残留的化学农药,如对硫磷、马拉硫磷、甲胺磷、甲拌磷、久效磷、氧化乐果、涕灭威、六六六、敌敌畏、DDT、乐果、克百威等。提倡使用生物农药和高效、低毒、低残留农药,如B.t、苦参碱、卡死克、除尽、菜喜等。

(2)科学选择农药的剂型及用法 乳油农药在喷雾使用时残留较多,可选用粉剂、水剂、颗粒剂等剂型喷粉、拌种或撒施等。保护地如大棚、温室蔬菜可用烟雾剂或粉剂防治病虫害。

(3)控制农药的用量与次数 施药量越大、药剂浓度越高、次数越多、施药间隔期越短,则农药残留也相应增加。在施用农药时,要严格按照产品说明书规定的方法施用,不能随意增加用药量和施用次数。

第二章 植保员须掌握的基础知识

(4)采用低容量高压喷雾技术 利用该技术施药,不仅能降低蔬菜上的农药残留量,而且其防效、工效、农药利用率等方面比常规喷雾更明显。

(5)严格遵守安全间隔期 在采收前一定时间内,要停止使用任何化学农药,没有达到农药安全间隔期的蔬菜绝不能上市销售。

(四)农药的配制和使用方法

1. 农药的配制 因使用农药不慎而造成人、畜中毒或造成药害等情况,除使用高毒农药或加大农药使用浓度外,常常是因为在配制农药时出现错误或疏忽所致。所以,掌握正确配制农药的方法就非常必要。农药除粉剂和烟剂外,一般都要经过稀释后才能使用。稀释前首先要准确称量,固体农药可用秤或天平量取,液体农药要用量筒或吸管量取,使用吸管时不可直接用嘴吸取,要用吸液球吸取,在量取液体农药时,量具要垂直,视线与液面平行。使用可湿性粉剂时,要先用少量水将药粉稀释,再用剩余的水补足。

造成农药使用浓度不准的另一个原因,是对防治面积或空间计算的误差,一般对防治的面积或空间是估算出来的,有时误差非常大,结果造成施用浓度上的误差很大,因此对防治面积或空间的计算应尽可能的精确。

在病虫害化学农药防治中,经常使用的农药浓度有以下三种。

(1)稀释倍数 多数情况在包装袋上有明文规定,在不同的作物上或防治不同的病虫害,使用不同的浓度,按照说明配制即可,千万不可随意加大浓度。

但有时只标明农药的有效成分的使用浓度或百分比,这就要经过计算才能配制。

(2)百万分浓度(ppm) 表示 100 万份药液中含农药有效成分的份数,常用毫克/千克(mg/kg)表示,即每千克(或 1 000 毫升)中含 1 毫克农药为 1 ppm,含 10 毫克为 10 ppm,依次类推,虽然

ppm 浓度已经废止,但经常会遇到。

例如:要配制 10 ppm 的赤霉素的药液,先称取 10 毫克赤霉素,经乙醇或白酒溶解后,加入 1 000 毫升水即成为 10 ppm 的赤霉素药液。

(3)标准化的农药使用浓度 应在说明书上注明单位面积上施用农药的有效成分(ai)用量,在标签上主要标明每公顷(hm^2)或每 667 平方米(亩)使用农药有效成分(ai)用量,常用克有效成分/公顷(g·ai/hm^2)或克有效成分/667 平方米(g·ai/亩)表示。

将单位面积上使用有效成分用量换算成商品制剂的换算方法如下。

例:新买来的某种 50% 的可湿性粉剂(或乳油)商品制剂,农药包装上标明有效成分用量为每 667 平方米(亩)100 克(或 100 毫升)。求得在 0.6 亩(400.2 平方米)大棚中的用药量应是多少?计算方法如下。

农药商品制剂用量(克或毫升)=

$$\frac{667\text{ 平方米(亩)有效成分用量(克或毫升)}}{\text{制剂的有效成分含量(\%)}} \times \text{施药面积}$$

将其中每 667 平方米(亩)有效成分用量为 100 克;商品制剂的有效成分含量是 50% 代入上述公式中即可求得 0.6 亩大棚中的用药量,即:

$$0.6\text{ 亩大棚中的用药量} = \frac{100\text{ 克}}{50\%} \times 0.6 = 120\text{ 克}$$

即按说明书每 667 平方米(亩)有效成分 100 克的用量,在 0.6 亩的大棚中使用 50% 可湿性粉剂(或乳油)商品制剂的用药量是 120 克(或 120 毫升)。

如何再换算成稀释倍数呢?

稀释倍数 = 每 667 平方米(亩)的常规药液用量(45 升,即 3 桶水) ÷ 每 667 平方米(亩)商品制剂用量(120 克) = 375 倍;

第二章 植保员须掌握的基础知识

注意:常规药液用量 45 千克,先换算成毫升即 $45 \times 1000 = 45000$ 毫升,除以 120 克得出 375 倍,即稀释 375 倍。

2. 农药的使用方法　农药使用的方法有喷雾、喷粉、种子处理、土壤处理、毒饵或毒土、烟雾、涂抹等。

(1) 喷雾法　适用喷雾的剂型有可湿性粉剂、乳油、水剂、微胶囊剂、水分散粒剂、水乳剂等,按一定配比配制成药液再用喷雾器均匀喷洒成雾滴,这种方法适应面广,见效快,但在温室、大棚等保护地封闭空间里使用喷雾法明显增加湿度,并且安全性较差,应使用低容量或超低容量,效果更好。生产上应用的有以下几种。

①常量喷雾:每 667 平方米(亩)30 千克以上;

②低容量喷雾:每 667 平方米(亩) 0.5~30 千克;

③超低容量喷雾:每 667 平方米(亩) 0.5 千克以下。

(2) 喷粉法　利用喷粉器的风力将药粉吹到作物或从空中降落到作物表面,该法不用水,效率高,尤其适用于大棚、温室等保护地蔬菜。

(3) 种子处理法　有拌种、浸种和闷种三种方法。

①拌种:按一定种子重量的比例称取农药(一般为种子重量的 0.1%~0.3%)干拌或湿拌,干拌是将药粉或药液按需要量称取后,直接与种子拌匀;湿拌是先将种子用少量水喷湿后再加药粉拌匀。拌种时最好用拌种器,少量种子可用玻璃瓶或空矿泉水瓶等容器与种子充分拌均匀,至少摇动 30 次以上。

②浸种:按浸种用的浓度配制药液,药液量以浸没种子即可,可有效杀灭种子内外的病菌和害虫。

③闷种:按闷种用的药液浓度与种子拌匀后堆放一定时间再播种。

(4) 土壤处理法　在防治地下害虫、土传病害以及蔬菜根结线虫病时常常采用土壤处理的方法。一般在选用药剂后按每平方米施药量计算,然后将药剂稀释一定倍数施入土壤并耙匀或将药剂配制成毒土再与土壤拌匀即可。

(5) 毒谷(饵)法 常用半熟的谷子、炒香的麦麸和饼肥,或鲜草等饵料,与具有胃毒作用的农药按一定比例混合拌匀,然后撒于地面或播种沟(或穴)内的方法。主要用来防治地下害虫或鼠类的为害。杀鼠剂与鼠类喜欢吃的饵料拌匀制成的毒饵,或使用毒鼠饵料,应将毒饵投放在鼠道边、鼠洞口或隐蔽的地方。

(6) 烟雾法 使用烟雾剂或专用的烟雾机具将农药分散成烟雾状态,达到杀虫灭菌的目的。烟雾法非常适用于保护地日光温室中,在傍晚盖棚后,按大棚空间体积计算好用量,点燃烟雾剂即可,省工省事。因烟雾颗粒小,在空气中悬浮时间长,沉积均匀,所以防效比喷雾和喷粉效果要好。施药时,烟剂要布点均匀,用支架或砖块支离地面20~30厘米,从棚室由内而外点燃,注意要吹灭明火,使其正常发烟,点完后立刻密闭棚室和门窗过夜,次日清晨通风后方可农事操作。一般施药量为0.3~0.4克/平方米,隔7~10天使用1次,连续使用2~3次。烟剂可单独使用,也可与粉尘法、喷雾法交替使用。

(7) 灌根法 将一定浓度的药液灌入植株根部,以达到防治病虫害的目的。使用的农药剂型可以是可湿性粉剂、乳油、悬浮剂等,按说明配成一定浓度的药液,装入喷雾器(将喷头去掉)或喷壶,向植株根部喷淋或浇灌。适宜防治地下害虫、根结线虫、枯萎病、黄萎病及根部病害,一般每株灌药液0.25~0.5升。使用时应在地下害虫初见或发病初期施用,为了提高防治效果,在灌根前要保证土壤有一定湿度,避免土壤太干而吸附大量药液,从而降低药效。

(五) 施药的原则和注意事项

1. "对症下药" 这是最基本的施药原则,没有"一药治百病"的万能药。现在农药发展的趋势是选择性越来越强,某一种农药

第二章　植保员须掌握的基础知识

针对某一种病虫或某一类病虫害,如三唑酮防治白粉病、锈病效果很好,而嘧霉胺则对灰霉病防效好等。所以,一定要在明确防治对象的基础上,选择最有效的农药品种和剂型,才能达到最好的防治效果。

2. 适时用药　在防治害虫时强调在幼虫三龄以前进行,防治病害时要在发病初期,即出现发病中心或点片发生时进行防治,才能达到预期效果,如果盲目施药,不仅达不到治病的目的,还会浪费人力、物力,甚至会产生药害。要做到适时用药,这就必须调查田间病虫的发生动态,即做好预测预报,准确掌握防治时机。适时用药,还要注意避免在强日光照射下喷施,这样会使农药因光解而降低药效,一般选择在早晨或傍晚,或在阴天时进行。

3. 选择高效、低毒、低残留的农药　剧毒或高毒农药已禁止在蔬菜上使用,严格遵守在蔬菜上的用药规定,特别要注意,在蔬菜收获前的时间,一般在收获前 5~7 天禁止用药。

4. 识别假农药和过期农药　要在正规农药经营部门去购买,查看包装上是否有"三证"号(农药登记号、农药生产许可证号或生产批准证书号、农药标准号)以及生产日期和保质期等。

5. 安全用药　在施药时应穿长袖衣服,配戴手套、帽子、风镜等防护衣具;防止农药中毒;施药期间不要进食、喝水或吸烟;避免在高温(30℃以上)天气、大风或雨前喷药;施药人员若有头痛、恶心、呕吐等感觉时,应立刻离开现场进行治疗。

(六)抗 药 性

选用农药特别要注意抗药性方面的问题。由于蔬菜品种多,生长周期短,换茬快,病虫种类相应也多,加上施药次数频繁,病虫非常容易产生抗药性,少则 2~3 年,多则 3~5 年,原来防治效果非常好的药剂逐渐变得效果很差或根本无效了,其中主要原因就是抗药性问题。抗药性的产生,主要由于在同一地块,连续多年使用同一种或同一类药剂造成的。

在自然界中同一种害虫或同一种病原物的群体中,个体之间由于遗传上的差异,对农药的耐受力也不一样。耐受力小的害虫或病菌,接触一定剂量的药剂后就会死亡,而个别耐受力强的害虫或病菌,经过反复多次的选择,逐渐便产生了抵抗药剂的能力,并遗传到下一代,经历代的选择作用,便产生了抗药性。如果长年连续使用同一种农药并不断加大浓度以后,能使抗药性逐渐增强,所以施用农药时不要随意加大浓度,在一个生长季中,一般使用某一种农药不要超过2~3次,要与其他农药交替使用,要使用复配农药等措施,能提高防治效果。

在更换农药或使用复配农药时,还要注意另外一个问题,就是"交互抗性"的问题。例如,用溴氰菊酯防治蚜虫或烟粉虱等害虫时,有的地方已产生抗药性,但将溴氰菊酯换成氯氰菊酯或高效氯氰菊酯时效果还是不好,这就出现"交互抗性"的问题。所谓交互抗性,就是某一类化学结构相似、作用机制相同的农药,如对有机磷杀虫剂或菊酯类杀虫剂中的某一种药剂产生抗性后,对那一类农药中的其他未用过的药剂也会有抗性,即在同一类农药中的不同药剂之间有互相交叉的关系,这种抗性称为"交互抗性"。在克服抗药性方面经常采用轮换用药或使用复配农药,但有时效果不理想,可能就是没有注意"交互抗性"问题。与"交互抗性"相反的是"负交互抗性",即对某种农药产生抗性以后,对另外某种农药更加敏感,如对多菌灵产生抗性以后的病菌,反而对乙霉威敏感;而对乙霉威产生抗性的病菌,对多菌灵也变得敏感,这两种药称为"负交互抗性"。这两种杀菌剂复配以后的农药乙霉·多菌灵,在防治实践中用作克服抗药性上起到了很好的效果。

(七)杀虫剂

1. 有机磷杀虫剂

敌百虫

该药剂具有胃毒、触杀作用,有渗透作用,但无内吸作用。低毒,适于防治菜青虫、甘蓝夜蛾、菜蛾等。

【使用方法】 80％可湿性粉剂500倍液喷雾。

【注意事项】 敌百虫对瓜类、豆类敏感;不能与碱性农药混配。

辛硫磷

该药剂是高效、低毒的广谱杀虫剂,具有触杀和胃毒作用,击倒速度快。土壤处理时,药效达1～2个月。可防治烟青虫、斜纹夜蛾、小菜蛾、菜青虫、蚜虫以及蛴螬、蝼蛄、地老虎等地下害虫。

【使用方法】 50％乳油2 000倍液喷雾;50％乳油500倍液拌种或制成毒饵防治地下害虫。

【注意事项】 瓜类、菜豆敏感;见光易分解,应在傍晚施药。

2. 拟除虫菊类杀虫剂

溴氰菊酯

该药剂是高效、广谱杀虫剂,击倒速度快,中等毒性。可防治菜青虫、小菜蛾、豆荚螟,但对螨类防效差。

【使用方法】 10％乳油3 000倍液喷雾。

【注意事项】 不能与碱性农药混用。

联苯菊酯

该药剂具有触杀和胃毒作用,对害虫和螨类均有良好药效。击倒速度快。中等毒性。可防治鳞翅目害虫、斑潜蝇、白粉虱和螨类。

【使用方法】 10%乳油3 000~5 000倍液喷雾。

【注意事项】 对家蚕、蜜蜂和天敌有高毒,防止污染水源;不可与碱性农药混用。

高效氯氰菊酯

该药剂具有胃毒和触杀作用,广谱、低毒。

【使用方法】 5%乳油1 000倍液喷雾。

【注意事项】 对鱼、蜜蜂有毒。

高效氯氟氰菊酯

该药剂广谱、强力胃毒、触杀作用,击倒快,中等毒性。防治小菜蛾、斜纹夜蛾、菜青虫、蚜虫、螨类等害虫。

【使用方法】 2.5%乳油3 000~5 000倍液喷雾;防治螨类用2.5%乳油2 000倍液喷雾。

【注意事项】 对鱼、蜜蜂、蚕及水生生物有剧毒;防止污染水源;不可与碱性农药混用。

3. 苯甲酰脲类杀虫剂

定虫隆

该药剂具有胃毒和触杀作用,低毒。防治豆野螟、斜纹夜蛾、棉铃虫、小菜蛾、菜青虫等效果较好,但药效发挥比较慢,一般3~5天起效。药效可达15天,对作物安全,对天敌影响小。

【使用方法】 5%乳油2000倍液喷雾。

【注意事项】 对家蚕高毒。

噻嗪酮

该药剂具有触杀和胃毒作用,对白粉虱、叶蝉、介壳虫有高效,对小菜蛾、菜青虫等鳞翅目害虫无效,对天敌安全,药效发挥缓慢,施药3~7天见效,药效可达30天以上。

【使用方法】 25%可湿性粉剂1500~2000倍液喷雾。

【注意事项】 在白菜、萝卜上易产生药害;对鱼有毒。

4. 其他有机合成杀虫剂

氟虫腈

该药剂具有胃毒和触杀作用为主,有一定内吸作用,属神经毒剂。中等毒性。制剂有5%氟虫腈悬浮剂,0.3%锐劲特颗粒剂,5%和25%氟虫腈悬浮种衣剂,0.4%氟虫腈超低量喷雾剂。防治对象为小菜蛾、斜纹夜蛾、甜菜夜蛾、蚜虫、飞虱、叶蝉、地下害虫等。

【使用方法】 5%悬浮剂2000~2500倍液喷施。

【注意事项】 对鱼类、蜜蜂高毒。

吡虫啉

该药剂具有胃毒和触杀作用,持效期可达20天。杀虫机制是干扰昆虫的运动神经系统,与传统杀虫剂作用机制不同,因此对有机磷、拟除虫菊酯类等杀虫剂产生抗药性的害虫有较好的防治效果。该药剂低毒环保,对人、畜以及天敌安全。可防治蚜虫、叶蝉、蓟马、白粉虱、潜叶蝇等害虫。

【使用方法】 10%可湿性粉剂1500~2000倍液喷雾。

【注意事项】 对家蚕有毒;不宜在强光下施药,在傍晚喷药效果好。

虫 酰 肼

该药剂杀虫机制独特,可促使鳞翅目幼虫蜕皮,造成幼虫脱水死亡,对高龄幼虫同样有效。低毒,对作物安全。可防治鳞翅目害虫,如棉铃虫、斜纹夜蛾、小菜蛾等。

【使用方法】 24%悬浮剂1 200~2 400倍液喷雾。

【注意事项】 对鱼有毒,严防对水源的污染;对蚕高毒。

噻 虫 嗪

属第二代烟碱类内吸杀虫剂,具有胃毒和触杀作用。作用机制仿乙酰胆碱,刺激神经受体蛋白,使昆虫过度兴奋致死,无交互抗性,药效达1个月。低毒。

【使用方法】 25%阿克泰水分散粒剂3 000~4 000倍液喷雾。可用于灌根。

【注意事项】 施药后害虫2~3天才死亡;不可随意加大用量。

氟 铃 脲

属昆虫生长调节剂类农药,抑制几丁质的合成,使害虫在蜕皮或变态过程中死亡,能导致成虫不育,并有较强的杀卵作用。具有高效、广谱、低毒,对天敌安全等特点,但对蚜、螨等刺吸式口器昆虫无效。

【使用方法】 5%氟铃脲乳油1 000~2 000倍液,或20%氟铃脲悬浮剂8 000~10 000倍液,药效可维持20天以上。

【注意事项】 该药剂无内吸性和渗透性,使用时要求喷药均匀周到;在田间虫螨并发时,应混合施用杀螨剂;严禁在鱼塘等地及附近使用;防治叶面害虫宜在低龄(一至二龄)幼虫盛发期施药,防治钻蛀性害虫宜在卵孵盛期施药。

灭 蝇 胺

属昆虫生长调节剂类农药,是防治斑潜蝇的特效药剂。具有强内吸作用,对双翅目昆虫(如潜蝇、瘿蚊、食蚜蝇、根蛆等)的卵及幼虫有较强生物活性,可使幼虫在形态上发生畸变,不能正常化蛹。该药剂具有高效、低毒、持效期长,无残留,对天敌、人、畜安全等特点。

【使用方法】 50%灭蝇胺可溶性粉剂,稀释2 000～3 000倍液喷雾。

【注意事项】 美洲斑潜蝇的防治适期以低龄幼虫始发期为好,如果卵孵不整齐,用药时间可适当提前,7～10天后再次喷药,喷药务必均匀周到;本品不能与强酸性物质混合使用;使用时注意防护,施药后及时用肥皂洗手、脸部;贮存于阴凉、干燥、避光处。

灭 幼 脲

属昆虫生长调节剂类农药,具有胃毒作用,施药3～5天见效,7天为死亡高峰。低毒,对蜜蜂无害,不污染环境。主要防治鳞翅目害虫,如小菜蛾、菜青虫、甜菜夜蛾等,对蚊、蝇类也有效,灌根可防治韭蛆。

【使用方法】 25%灭幼脲悬浮剂2 000～2 500倍液喷雾。

【注意事项】 不能与碱性农药混用。

溴 虫 腈

该药剂是新型吡咯类化合物,作用于昆虫体内细胞的线粒体上,通过昆虫体内的多功能氧化酶起作用,主要抑制二磷酸腺苷(ADP)向三磷酸腺苷(ATP)的转化。而三磷酸腺苷贮存细胞维持其生命功能所必须的能量。该药具有胃毒及触杀作用。叶面渗透性强,有一定的内吸作用,且具有低毒、杀虫谱广、防效高、持效长、安全等特点。可防治小菜蛾、菜青虫、甜菜夜蛾、斜纹夜蛾、菜螟、菜蚜、斑潜蝇、蓟马等多种蔬菜害虫。

【使用方法】 10%悬浮剂1500～2000倍液喷施,间隔10天左右。

【注意事项】 每茬蔬菜最多只允许使用2次,以免产生抗药性;在十字花科蔬菜上的安全间隔期暂定为14天;本品对鱼有毒,不要将药液直接洒到水源处。

5. 生物杀虫剂

苏芸金杆菌(B.t)

属细菌杀虫剂。因产生毒素,造成昆虫麻痹,停止进食产生败血症。作用缓慢。可防治棉铃虫、小菜蛾、菜青虫、蚜虫等害虫。

【使用方法】 B.t乳剂(100亿孢子)1000倍液喷雾。

【注意事项】 不能与杀菌剂混用;对蚕毒性大;强光易失效,傍晚施药效果好。

阿维菌素

属抗生素类杀虫杀螨剂,胃毒兼触杀,干扰昆虫正常的神经传导,与常用的杀虫剂无交互抗性。无内吸作用,但在植物叶片有较强的渗透性。在土壤中易被微生物降解,无残留毒性积累。对天敌安全。可防治菜青虫、小菜蛾、蚜虫和螨类。

【使用方法】 1.8%乳油3000倍液喷雾。

【注意事项】 对蚕、蜜蜂、鱼敏感。

甲氨基阿维菌素苯甲酸盐

是广谱、高效、杀螨剂,是阿维菌素改进的产物,与阿维菌素作用机制相同,但毒性低,对天敌和人、畜安全,是替代高毒农药的理想产品。防治夜蛾类害虫如棉铃虫、菜青虫、小菜蛾、斜纹夜蛾、螨类效果较好。

【使用方法】 使用剂量为每 667 平方米 0.5~1.6 克。

【注意事项】 对蜜蜂、鱼高毒,避免污染水源。

6. 植物源杀虫剂 是从具有杀虫活性成分的植物中提取并制成的杀虫剂。由于植物杀虫剂易分解,对农产品、食品和生态环境无污染,越来越受到人们的重视。

鱼藤酮

从豆科多年生藤本植物根部提取制成。具有触杀和胃毒作用,杀虫活性高,抑制昆虫的神经系统和呼吸作用。残效期短,对作物安全。

【使用方法】 2.5％乳油 500 倍液喷雾;或每 667 平方米用 4％粉剂 500 克拌草木灰 3~5 千克撒施。

【注意事项】 对鱼剧毒,严防污染水源;不可用热水配制鱼藤粉,不能与碱性农药混用。

苦参碱

是从苦参的根、茎叶和果实中提取制成,有效成分是苦参碱。该制剂具有触杀和胃毒作用,属广谱性杀虫剂。对人、畜安全。可防治菜青虫、蚜虫和螨类。

【使用方法】 0.36％苦参碱水剂 300~500 倍液喷雾。

【注意事项】 速效性差,避免在高温和强光下存放,严禁与碱性农药混用。

楝　素

从楝树种子中提取制成。具有触杀、胃毒和拒食作用。毒性为低毒,对天敌和人、畜安全,对害虫活性高,不易产生抗药性,无残留和环境污染。可防治菜青虫、小菜蛾、斜纹夜蛾、烟粉虱、斑潜蝇等害虫。

【使用方法】 0.5％乳油1 000倍液喷雾。

【注意事项】 不能与碱性农药混用;作用缓慢,可加入中性洗衣粉增加展着性。

(八)杀螨剂

杀螨剂是指专杀螨类的杀虫剂,兼有杀螨作用的杀虫剂称为杀虫、杀螨剂。由于害螨繁殖能力强,数量大,且容易产生抗药性,所以选用杀螨剂时要选用对成螨、若螨和卵各虫态同时起作用的杀螨剂;并应在害螨发生初期使用;杀螨机制不同的杀螨剂应轮换使用或混合使用。

克螨特

属有机硫杀螨剂。具有触杀和胃毒作用,残效期长,对幼螨、若螨和成螨效果好,但对卵的防治效果差。防治茄果类、豆类、瓜类叶螨和茶黄螨。

【使用方法】 防治叶螨和茶黄螨用73％乳油2 000～3 000倍液喷雾。

【注意事项】 高温、高湿条件下使用对幼苗和新梢容易产生药害,低于20℃使用药效差。

哒螨酮

该药剂以触杀为主,对成螨、幼螨、若螨和卵都有效,对叶螨有特效。速效性好,持效期长、可达 2 个月,对天敌和作物安全。防治蔬菜叶螨。

【使用方法】 15%乳油或 20%可湿性粉剂 3 000～4 000 倍液喷雾。

【注意事项】 对鱼、蜜蜂和家蚕有毒,不可与碱性农药混用。

四螨嗪

具有触杀作用,对卵效果好,对成螨效果差,持效期可达 60 天,药效发挥较慢,施药后 2～3 周才达最高杀螨活性。低毒,对天敌、鸟、鱼、蜜蜂及人、畜安全。防治多种害螨。

【使用方法】 在卵孵化始期用 20%悬浮剂 2 000 倍液,或 50%悬浮剂 5 000 倍液喷雾。

【注意事项】 不可与碱性农药混用;与噻螨酮有交互抗性,不可与其交替使用。

噻螨酮

具有触杀、胃毒作用,无内吸作用,低毒,杀若虫和卵,对成虫无效,药效达 50 天。

【使用方法】 5%乳油 1 500～2 000 倍液喷雾。

【注意事项】 与四螨嗪有交互抗性,不可与其交替使用。

(九)杀菌剂

1. 有机合成杀菌剂

代森锰锌

属广谱保护性杀菌剂,可与内吸杀菌剂混配延缓产生抗药性。防治黄瓜霜霉病、番茄晚疫病、早疫病、炭疽病等。

【使用方法】 80%可湿性粉剂 400～600 倍液喷雾。

【注意事项】 不可与碱性农药混用。

百菌清

属广谱保护性杀菌剂,兼有治疗和熏蒸作用,残效期长。毒性为低毒。可防治瓜类霜霉病、炭疽病、白粉病、黑星病、番茄早疫病、晚疫病、灰霉病、叶霉病等。

【使用方法】 75%可湿性粉剂500～800倍液喷雾。

【注意事项】 安全施药间隔期7天以上,对鱼有毒。

多菌灵

属广谱内吸杀菌剂,具有保护和治疗作用。残效期长。毒性为低毒。

【使用方法】 50%可湿性粉剂750～1 000倍液喷雾;50%可湿性粉剂拌种,药量为种子重量的0.3%～0.5%。

腐霉利

具有保护和治疗作用,防治在低温高湿条件下发生的灰霉病、菌核病。防治已经对甲基硫菌灵和多菌灵有抗性的病菌效果较好。可用作防治蔬菜贮藏期病害。

【使用方法】 50%可湿性粉剂1 000～2 000倍液喷雾。

【注意事项】 不可与碱性农药混用;在高温条件下对蔬菜幼苗易产生药害。

甲霜灵

具有保护和内吸治疗作用的杀菌剂,可被植物的根、茎、叶吸收,在植物体内具有双向传导性能。防治霜霉病、疫病等高效。毒性为低毒。

【使用方法】 25%可湿性粉剂1 000～1 500倍液喷雾;用

35%拌种剂拌种,药量为种子重量的0.3%。

【注意事项】 不可与碱性农药混用;提倡与其他杀菌剂交替使用,以免产生抗药性。

异菌脲

异菌脲是一种类广谱性杀菌剂,可抑制真菌菌丝体生长和孢子产生。主要防治灰霉病、炭疽病、早疫病多种真菌病害,具有保护和一定的治疗作用。对人、畜低毒,对蜜蜂、鸟类和天敌安全。异菌脲对真菌的作用点较为专化,病菌易产生抗药性,用药次数不宜过多,应及时更换用药品种或与其他药剂交替使用。

【使用方法】 用50%可湿性粉剂1 000~1 500倍液喷施。

【注意事项】 不能与碱性农药混用;该药无内吸性,喷药要均匀全面。要注意与其他杀菌剂交替使用,但不能与速克灵、农利灵等性能相似的药剂混用或交替用药。

嘧霉胺

具有保护和内吸治疗作用,作用机制与常规杀菌剂不同,可抑制病菌的侵染酶而阻止病菌的侵入并杀死病菌,尤其用于已经产生抗药性的灰霉病效果明显;内吸传导可达到全株各处。低温下使用不影响效果。主要防治灰霉病。

【使用方法】 40%可湿性粉剂800~1 200倍液喷雾。

【注意事项】 避免在高温(28℃以上)下施药。

恶霉灵

具有内吸治疗作用,可防治多种土传真菌病害,如立枯病、猝倒病、黄萎病、枯萎病等。施入土壤作土壤消毒剂有增效作用并能促进发出新根。

【使用方法】 95%原粉按种子重量的0.1%拌种,或按1克/

平方米药量做苗床土消毒;发病初期可用95%原粉3000倍液,在根基部喷淋或灌根。

【注意事项】 拌种后直接播种不可闷种,不能直接用于喷雾,对幼芽和嫩梢有伤害。

氯溴异氰脲酸

属广谱、高效、与环境相容型杀菌剂,是一种酸性强氧化剂,喷施在作物上释放出次氯酸和次溴酸,起到"消毒剂"式的快速杀菌的作用,能有效防治细菌、真菌和病毒病害。主要防治细菌性角斑病、细菌性软腐病、炭疽病、早疫病、叶霉病以及辣椒病毒病等。

【使用方法】 50%可湿性粉剂600~800倍液喷雾或400~600倍液浸种。

【注意事项】 不可将药粉直接倒入稀释的乳剂中,不可与碱性农药混用。

苯醚甲环唑

属广谱、高效、内吸性强的杀菌剂,具有保护和治疗作用,属三唑类杀菌剂。主要防治对象是子囊菌、担子菌和半知菌引起的黑星病、早疫病、炭疽病、白粉病、锈病等。

【使用方法】 25%苯醚甲环唑乳油5000~8000倍液喷雾。

【注意事项】 不可与碱性农药混用。

嘧菌酯

该药属甲氧基丙烯酸酯类杀菌剂,是按天然蘑菇抗菌素模板仿生合成的广谱、安全、环保杀菌剂。防治对象为霜霉病、疫病、炭疽病、菌核病、根腐病、猝倒病等,对所有真菌病害均有效。作用机制是抑制病菌呼吸,破坏能量合成而致死。

【使用方法】 25%悬浮剂1500倍液喷雾。

【注意事项】 一个生长季使用2~3次,以免产生抗药性。

烯酰·锰锌(烯酰吗啉+代森锰锌)

烯酰吗啉是专一杀鞭毛菌亚门卵菌纲真菌的杀菌剂,其作用特点是破坏细胞壁的形成,对卵菌生活史的各个阶段都有作用,在孢子囊梗和卵孢子的形成阶段尤为敏感,在极低浓度下即受到抑制。与甲霜灵等苯基酰胺类药剂无交互抗性,加入代森锰锌可缓解对烯酰吗啉抗性的产生,并可扩大防治病害的种类。

【使用方法】 69%可湿性粉剂800~1000倍液喷施。

【注意事项】 一个生长季使用2~3次,以免产生抗性。

咯菌腈

抑制菌丝生长,最终导致病菌死亡。其独特的作用机制,与其他已知的杀菌剂没有交互抗性。

【使用方法】 在茄果类花期,每2~3升水中加入10毫升2.5%适乐时悬浮剂混合均匀,用毛笔涂抹花柄或用药液蘸花。

二硫氰基甲烷

具有高效杀线虫、杀菌活性,作用机制是抑制线虫和病菌的呼吸作用,主要用于土壤消毒、种子消毒。

【使用方法】

土壤消毒:每平方米用1.5%二硫氰基甲烷0.3~0.5克,对水3500~7000倍或细土200~500倍均匀喷洒或撒在土面上,用薄膜覆盖48~72小时后播种;对细土后可直接将药土撒在播种沟内,然后用净土覆盖。

营养土消毒:每立方米用0.5~1克,充分拌匀,用薄膜覆盖48~72小时。

【注意事项】 使用药剂时要注意防护;不可与碱性农药混用。

2. 矿物源杀菌剂

硫 黄

原药为黄色粉末,不溶于水,属矿物源杀菌剂,主要用于防治白粉病和螨类。

【使用方法】 50%悬浮剂200～400倍液喷雾。

【注意事项】 不能与含硫酸铜等金属类农药混用。

石硫合剂

以硫黄粉和石灰加水熬制而成,原液的有效成分是多硫化钙和硫代硫酸钙,呈强碱性,对皮肤和金属有腐蚀性,有渗透和侵蚀昆虫表皮蜡质层的作用,因此对有较厚蜡质层的介壳虫和害螨的卵防效较好。主要用于防治白粉病及螨类。

【熬制方法】 生石灰1份,硫黄粉2份,水15～20份。首先将生石灰用热水化开,加热煮沸,然后把硫黄粉调成糊状,慢慢倒入石灰乳中,迅速搅拌,继续加热40～60分钟,待药液变成红褐色即停火,冷却后滤去渣子便成石硫合剂原液。在熬制过程中要随时加开水补充蒸发的水分。

使用前一定要用波美比重计测量原液的波美比重——波美度,按下列公式求得的重量倍数稀释:

$$加水稀释倍数(重量) = \frac{原液波美度}{需要稀释的波美度}$$

【使用方法】 防治瓜类白粉病及叶螨可用0.1～0.2波美度液喷雾。

【注意事项】 不能用金属器具贮存;最好密封保存或在液面上加柴油防止氧化;高温30℃以上和低温4℃以下不宜使用;对皮肤有腐蚀作用,避免溅到皮肤上。

第二章 植保员须掌握的基础知识

波尔多液

波尔多液由硫酸铜、生石灰和水配制成的天蓝色稠状悬浮液。对金属有腐蚀作用,对人、畜无毒。波尔多液能附着在植物表面形成保护膜,不易被雨水冲刷。波尔多液是一种广谱、保护性杀菌剂,对真菌引起的霜霉病、绵疫病、炭疽病、猝倒病等防治效果较好,并兼有防治细菌病害的作用,且不易产生抗药性。

【配制方法】 生石灰与硫酸铜的配比应随作物、防治对象和气温的不同而采用不同配比,一般把生石灰与硫酸铜按1:1的配比称等量式,而生石灰与硫酸铜的配比为0.5:1称半量式(表2-2)。

表2-2 波尔多液配比表

原 料	1% 等量式	1% 半量式	0.5% 倍量式
硫酸铜	1	1	0.5
生石灰	1	0.5	1
水	100	100	100

选用块状生石灰(熟石灰粉不能用)和蓝色块状结晶硫酸铜。等量式配制方法:用2个水桶,一桶加水45升,加0.5千克硫酸铜配成硫酸铜溶液;另一桶加水5升,加0.5千克生石灰配成石灰乳。然后将硫酸铜溶液慢慢倒入石灰乳中,并不断搅拌即可配成波尔多液。

【使用方法】 防治黄瓜霜霉病结瓜前用1:1:400配比,结瓜后用1:0.5:250配比;防治番茄晚疫病、早疫病、叶霉病、茄子绵疫病、辣椒炭疽病、菜豆锈病用1:0.5:250配比;应在发病前喷药保护,隔7天喷1次。

【注意事项】 现用现配,不能贮存,久置易产生沉淀,降低药效且易发生药害;该药剂不能与石硫合剂及酸性农药混用,喷过波尔多液的作物在15天以内不能喷石硫合剂,以防产生药害。

3. 生物农药

多抗霉素

属广谱内吸性杀菌剂,作用机制是干扰病原菌细胞壁几丁质的合成,使其失去致病力,达到防治病害的目的。该药剂低毒,对环境安全。可用于防治黄瓜霜霉病、白粉病、番茄灰霉病等。

【使用方法】 10%可湿性粉剂500～1 000倍液喷雾。

【注意事项】 不可与碱性农药混用。

农抗120

属广谱杀菌剂,作用机制是阻碍病原菌蛋白质合成,导致病原菌死亡。该药剂环保低毒,对环境安全。主要用于防治蔬菜白粉病、炭疽病、瓜类枯萎病等。

【使用方法】 2%水剂200倍液喷雾防治白粉病、炭疽病;瓜类枯萎病发病初期用2%水剂100倍液灌根,每株灌药液500毫升,隔5天1次,连续3～4次。

【注意事项】 不可与碱性农药混用。

春雷霉素

春雷霉素是由一种放线菌产生的代谢产物,属抗菌素类杀菌剂。毒性很低,对人、畜、鱼类和害虫天敌以及农作物都非常安全。无残留、无污染,特别适合生产无公害蔬菜、绿色食品时使用。该药剂渗透性强,并能在植物体内移行,具有优异的内吸治疗作用,因此喷药后见效快,耐雨水冲刷,持效期长。对细菌和真菌引起的多种蔬菜病害具有理想的防治效果。可用于防治番茄叶霉病、黄瓜细菌性角斑病等。

【使用方法】 用2%春雷霉素液剂300～500倍液发病初期

喷第一次药,以后每隔7天喷药1次,连续喷3次。

春雷·王铜(春雷霉素+王铜)

由春雷霉素和王铜两种有效成分复配而成,春雷霉素为内吸性杀菌剂,主要是干扰氨基酸代谢的酯酶系统,进而影响蛋白质合成,抑制菌丝伸长和造成细胞颗粒化;王铜则是无机铜保护性杀菌剂,在一定湿度条件下释放出铜离子能起到杀菌防病作用。

该可湿性粉剂是一种具有保护作用和治疗作用的杀菌剂,对果树、蔬菜的真菌病害如叶霉病、炭疽病、白粉病、早疫病、霜霉病以及细菌引起的角斑病、软腐病、溃疡病等常见病害具有优良的防治效果。

【使用方法】 47%春雷·王铜可湿性粉剂800~1 000倍液喷雾。

【注意事项】 不要把药液喷在藕、白菜、马铃薯上;不要在黄瓜幼苗期和高温时喷药。番茄、黄瓜、西瓜、辣椒于收获前1天,洋葱、甘蓝、丝瓜、苦瓜、莴苣于收获前5~7天,花椰菜于收获前21天停止使用。

春雷·王铜对金属容器有腐蚀性。

(十)杀线虫剂

威百亩

属杀线虫、杀菌、治虫和除草等作用的广谱熏蒸剂,主要防治蔬菜根结线虫、番茄枯萎病、茄子黄萎病等。

【使用方法】 35%液剂每667平方米用3~4千克,对水300~400升,将药液施入15~20厘米的沟中,覆土塌实于15天后翻耕透风,然后播种或移栽。

【注意事项】 配药时不可用金属器具,以免腐蚀;施药15天后才能播种或移栽。

氯唑磷

属高效、广谱中等毒性的有机磷杀虫、杀线虫剂。具有触杀、胃毒和内吸作用,主要防治线虫和地下害虫。

【使用方法】 3%氯唑磷颗粒剂,每667平方米4～6千克,与土壤充分混合。

【注意事项】 只能单独使用,避免与种子直接接触。

噻唑磷

属非熏蒸型的高效、低毒、低残留的环保型杀线虫剂。是一种内吸传导型杀线虫剂。

【使用方法】 全面土壤混合施药,也可畦面施药及开沟施药。在作物定植前(定植当天),10%颗粒剂按1～2千克/667平方米的用量,将药剂均匀撒于土壤表面,再用旋耕机或手工工具将药剂和土壤充分混合。药剂和土壤混合深度需20厘米。

【注意事项】 超量使用或土壤水分过多时容易引起药害;对蚕有毒性,注意不要将药液飞散到桑园。施药时,要穿戴作业服,施药后要立即清洗并换下工作服。如误食引起中毒,可用阿托品作为解毒剂。

(十一)除草剂

除草剂是选择性非常强的化学农药,使用不当,极易产生药害。由于蔬菜品种多,不同品种的蔬菜对除草剂的敏感程度不同,在一个生长季里蔬菜往往多次栽种,换茬快,加上温室大棚里气温变化较大,因此在蔬菜田里使用除草剂要严格按照说明使用,不可随意变更浓度。在使用除草剂时应注意以下几个问题。

第一,根据不同蔬菜采用不同的除草剂。如黄瓜、莴苣对氟乐灵、扑草净敏感;芹菜、胡萝卜对敌草胺敏感;韭菜、大葱、菠菜对除草醚敏感,即使前茬用过这几种除草剂,对后茬作物依然敏感,容易出现药害。

第二,要精确计算药量。要准确计算种植面积,有时使用面积粗略估计,造成用药量的误差,也容易造成药害。

第三,土壤处理剂如氟乐灵、敌草胺、除草醚等,应在浇水后或雨后喷施,土壤含水量在20%~30%(即用手可以攥成团)适宜。另外,温室大棚要避开高温期间使用。

氟乐灵

氟乐灵是一种有选择性的芽前土壤处理剂,有触杀和内吸作用。氟乐灵对已经出土的杂草无效,只有当杂草在出土过程中才能被杀死。该药可防除菜田里单子叶杂草,也能防除藜、马齿苋、苋菜等双子叶杂草。

【使用方法】 番茄、辣椒、茄子、菜豆和甘蓝田用48%氟乐灵乳油每667平方米100~150毫升,对水30~40升喷雾,在播种前或移栽后杂草出苗前,进行土壤处理,并应立刻在行间3~5厘米深土层均匀混土。

【注意事项】 氟乐灵适宜播前使用,如果播种后使用,应在播后立刻喷施除草剂,防止出芽受到伤害;移栽一定要在缓苗后使用;土壤有机质含量在5%以上,每667平方米用量可增加到150~180毫升,有机质含量越低使用量要低于100毫升;在低温干旱地区,氟乐灵在土壤里残效期长,下茬不宜种植敏感作物。

地乐胺

本剂为选择性芽前除草剂,具有触杀和内吸作用。可防除狗尾草、马唐、牛筋草等一年生禾本科杂草和部分双子叶杂草,对菟丝子有较好的防治效果。

【使用方法】 菜豆、豌豆、韭菜、胡萝卜、茴香等,在播种前、移栽前或播种后出苗前,每 667 平方米用 48% 乳油 150～200 毫升,对水 30～50 升喷雾。

【注意事项】 施药后要混土,混土深度 3～5 厘米,或施药后浇水;因本品易燃,应注意防火。

除 草 通

在杂草发芽过程中吸药后达到除草目的。可防除一年生禾本科和阔叶杂草。

【使用方法】 直播蔬菜,可在播种后或移栽蔬菜如番茄、辣椒、茄子、莴苣、花菜、甘蓝等,在移栽前 1～3 天,或移栽后 3～5 天,每 667 平方米用 33% 除草通乳油 100～150 毫升,对水 30～50 升喷雾,施药后浇水保湿,残效期达 40 天。

【注意事项】 除草通对鱼类高毒,注意不要污染水源;有机质低的沙质土,不宜在苗前施用。

(十二)植物生长调节剂

乙 烯 利

乙烯利是促进成熟的植物生长调节剂,被植物吸收后释放出乙烯,具有加快果实成熟,打破种子休眠以及促进器官脱落等效应。

【使用方法】 促进黄瓜多开雌花用 40% 水剂 2 000～4 000 倍液在 3～4 片叶时喷雾,隔 10 天再喷一次;催熟番茄青果用 40% 水剂 400～500 倍液喷雾,或用药液浸蘸后在 20℃～25℃下放置催熟。

【注意事项】 不能与碱性农药混用;乙烯利具有强酸性,能腐蚀金属器具,对人的皮肤、眼睛有刺激作用;现配现用,在中性溶液中易分解,药液最好在酸性(pH 值 4)条件下保存,以防分解失效。

赤霉素(九二〇)

赤霉素是广谱而普遍应用的植物生长调节剂。能促进植株长高,叶片增大;能打破种子、块根、块茎休眠;促进果实生长;减少花果脱落等效应。

【使用方法】 使用浓度为 50~100 毫克/千克,促进坐果和增产。

【注意事项】 赤霉素原粉先用乙醇或二锅头白酒溶解,然后加水至所需浓度;不能与碱性农药混用,可与酸性农药或化肥混用;使用赤霉素后应加强肥水管理以利于发挥药效。

芸薹素内酯

是国际上公认的活性最高的一种新型植物内源激素,是广谱、高效、无毒的植物生长调节剂。具有促根壮苗、保花保果、抗病、抗旱、抗寒、解除药害等功效。

【使用方法】 0.01% 芸薹素内酯乳油 3 000 倍液喷施,幼苗用 6 000 倍液喷施。

【注意事项】 芸薹素内酯活性较高,使用时正确配制浓度,防止浓度过高出现药害;使用本剂后,要加强肥水管理,以充分发挥增产潜力;不可与碱性农药混用。

(十三)喷雾器和喷粉器的使用与保养

1. 喷雾器的使用与保养

(1)喷雾器的使用 主要介绍普遍使用的手动背负式喷雾器的使用与保养,在使用喷雾器时首先考虑的是根据作业的性质来选择喷头。如单喷头适于定向、漂移性喷雾,双喷头则适用于在蔬菜生长中后期在植株顶部定向喷雾。

使用前应在皮碗、摇杆转轴、气室滑套及活塞处涂抹润滑油;检查有无渗漏现象,安全阀是否灵活,喷头的雾型是否正确;加药液前把开关关闭,加药液要用滤网过滤,药液不能超过水位线,加药后盖紧桶盖;喷药时先压动摇杆数次,当气室气压达到工作压力时再打开开关,边走边打气边喷雾。

常见故障的排除见表2-3:

表2-3 手动背负式喷雾器常见故障及排除法

故 障	原 因	排除方法
手压摇杆无力,喷雾压力不足,雾化不好	1. 密封圈损坏 2. 牛皮碗硬化或损坏 3. 吸水管脱落 4. 进水阀堵塞	1. 更换密封圈 2. 牛皮碗放在机油里浸软或更换新品 3. 重新装好吸水管 4. 清洗进水阀
手压摇杆正常,但不能喷雾	套管或喷头堵塞	拆开清洗
接口处漏水	1. 密封圈未垫好或损坏 2. 螺丝扣未拧紧	1. 垫好或更换新品 2. 拧紧螺丝扣
开关处漏水	开关表面油脂太少	在开关表面涂抹一层油脂

(2)喷雾器的保养 喷雾器使用完后,应倒出桶内剩余药液,加入少量清水喷洒干净,并用清水清洗各个部分,然后打开开关,置于室内通风干燥处存放。如果喷雾器是铁制的,用清水清洗后,打开开关,倒挂于室内干燥阴凉处。凡活动部件及非塑料接头处都应涂抹黄油防锈。

2. 喷粉器的使用与保养

(1)喷粉器的使用 喷粉器非常适用于保护地温室大棚等封闭空间,利用粉剂微细颗粒的漂移均匀沉积到靶标作物,达到防治病虫害的目的。另外,由于干燥的粉粒降落在蔬菜叶片上,可以吸

第二章 植保员须掌握的基础知识

收部分水分,起到降低湿度的作用,从而能抑制病菌的侵染,尤其对侵染时需要水膜或水滴的病原菌如黄瓜霜霉病。

使用喷粉器的技术要求是,按照粉剂说明上的规定确定用量,然后调整好背带的长度,操作时应从棚室里端开始,先摇动手柄再打开开关,后退向门口移动。喷粉时采取对空喷撒,不可直接对着作物喷撒,边走边喷,正常行走速度每一步摇动手柄1次。

喷粉头不要沾露水,以免阻碍出粉;中途停止喷粉时,要先关闭出粉开关,再摇动几下手柄将药粉喷干净;出现不正常的声音或手柄摇动费力时应停止作业,待修复后才能使用。

(2)喷粉器的保养 喷粉器用完后,先将剩余药粉全部倒出来,清理干净,再轻轻摇动几转清除残粉,防止受潮结块,堵塞腐蚀机体;在机器主轴上加上适量机油,放置在干燥处。

思 考 题:

1. 植物病害的种类有哪些?
2. 侵染性病害的常见种类是什么?
3. 农业害虫的主要种类有哪些?
4. 常见农药的使用方法和剂型是什么?

第三章 茄果类蔬菜病害及防治

一、真菌性病害

(一) 猝倒病

【症　状】 猝倒病主要发生在苗期,病菌除危害茄果类蔬菜的番茄、辣椒、茄子和马铃薯外,也能危害黄瓜、甘蓝、莴苣等幼苗。猝倒病在种子萌发后出土前即可受侵染而造成烂种。在幼苗出土后长出真叶前即可发病。病苗在茎基部出现水浸状,迅速凹陷,不见病苗萎蔫便猝倒死亡,基部收缩成线条状,也称"卡脖子"。此病发展很快,数天便可蔓延引起成片猝倒。病菌也可侵染果实引起烂果。

【发病规律】 潮湿的条件下,病部表面生出白色绵毛状霉层,这是由鞭毛菌亚门瓜果腐疫霉菌引起的,病菌以卵孢子在土里越冬,可在土中长期存活,遇适宜条件便萌发产生孢子囊,以游动孢子或直接长出芽管侵入寄主。病菌借灌溉水和雨水传播。在雨、雪、连阴天或寒潮来袭的低温潮湿的条件下,由于光照不足,幼苗抗病能力低,有利于发病,尤其是地温在10℃左右时更易发病,当幼苗长出1~2片真叶后便很少发病。

(二) 立枯病

【症　状】 立枯病主要发生在温度较高的幼苗后期,危害茄果类、瓜类和豆类的幼苗。立枯病发病初期在茎基部出现椭圆形的褐色病斑,逐渐向内凹陷,扩展绕茎一周后,造成幼苗吸收水分困难而萎缩干枯,初期白天萎蔫,夜间恢复,数日后即枯死,但直立而不折倒。

【发病规律】 病原菌是半知菌亚门的立枯丝核菌,以菌丝和菌核在土壤中越冬,菌丝能直接侵入寄主,通过农具和灌水传播,最适温度为24℃,最低为13℃,播种过密,间苗不及时,温度偏高利于发病。

(三)灰霉病

【症　状】 灰霉病在苗期即可发病,尤其在高湿低温条件下,在保护地里塑料薄膜下的滴水处最容易发病。该病主要危害花、茎叶和果实,青果期发病较为严重。开败的花往往最先感病,然后向果柄或果面扩展。发病初期以果柄为中心在果面出现黄褐色病斑,病斑很快向四周蔓延,致使果肉腐烂。叶片多在叶尖处发病,呈"V"字形向内扩展;茎上染病出现长椭圆形病斑,湿度大时病斑长出灰色霉层,这是诊断灰霉病主要的病征。

【发病规律】 该病由半知菌亚门灰葡萄孢菌侵染引起,该病菌不仅侵染茄果类蔬菜,而且还可以侵染豆类、瓜类等多种蔬菜,是保护地蔬菜种植中发病普遍、产生抗药性快并可造成严重损失、较难防治的病害,是保护地蔬菜种植中突出的问题。

病菌以菌核在土壤里或以菌丝和分生孢子在病残体上越冬或越夏。条件适宜时菌核萌发,产生菌丝和分生孢子,借风、雨水或农事操作传播,番茄蘸花是重要的传播途径。该菌能在2℃下存活,当气温达20℃、相对湿度90%以上时,容易发病,植株密度过大,管理不当病害扩展较快。低温高湿利于发病,温度在20℃左右,连续高湿(90%以上)天气最有利于发病,尤其遇到春季连续阴雨少光照的年份,在塑料大棚或温室里又不及时通风,发病更加严重。

(四)菌核病

【症　状】　菌核病是保护地蔬菜上发生普遍且严重的病害,几乎所有保护地蔬菜都可受菌核病菌的侵染,除危害番茄、辣椒和茄子外,还可危害黄瓜、菜豆、莴苣、芹菜、甘蓝等多种蔬菜。叶片、茎蔓和果实均可染病,幼果、凋落的花蒂、叶腋处比较容易发病。病害往往先从下部叶片、落花处产生,受侵叶片在叶缘出现水浸状病斑,湿度大时可长出白霉,蔓延迅速以致叶片枯死;果柄和果实受害,果面呈水烫状,很快腐烂;茎蔓受害,主要在茎基部或主侧枝分叉处出现褐色水浸状病斑,病斑灰白色凹陷,后变成软腐;茎髓部腐烂中空或纵裂干枯,发病后期在病部出现白色菌丝和鼠粪状菌核。

【发病规律】　病原真菌是子囊菌亚门的核盘菌,该菌可寄生300多种植物,几乎可侵染所有种植的蔬菜。主要以菌核在土壤里或混入种子中越冬,早春萌发形成子囊盘,产生子囊孢子,借风雨或种苗传播,菌核萌发适温是15℃,子囊孢子存活温度在0℃～35℃,萌发适温时5℃～15℃,相对湿度在85%以上时才能萌发,因此湿度是菌核病菌的限制因素,所以早春和晚秋的北方保护地容易发生流行菌核病。

(五)番茄晚疫病

【症　状】　幼苗、叶片、果实和茎均能受害,以叶、果受害最重。叶片受害处呈暗绿色水浸状斑,后变为褐色腐烂,潮湿时病健交界处生有白霉,全叶迅速腐烂或干枯。与早疫病的区别是晚疫病发生比早疫病早,病斑没有明显的边缘,没有像早疫病病斑出现的轮纹。果实上的病斑不规则,呈暗褐色,边缘明显,茎部病斑凹陷,潮湿时均可见白霉,扩大后腐烂。

【发病规律】　该病由鞭毛菌亚门里的疫霉菌侵染引起,在高湿、低温条件下发病严重。孢子囊形成的温度为7℃～25℃,最适宜的温度是18℃～22℃,相对湿度95%以上。产生游动孢子的最适温度为10℃～13℃,最低为6℃;孢子囊在15℃以上可直接产生芽管侵染,20℃～25℃在寄主内扩展最快。当棚室夜间10℃～15℃,当叶片有露水或水膜时,有利于病菌的侵染和发病。种植过密、通风不良、湿度大的棚室发病相对严重。

(六)番茄早疫病

【症　状】　主要危害叶,初生水浸状小斑,后变为黑色的圆形或不规则病斑,边缘有淡绿色晕环,中央灰褐色,有明显的同心轮纹,潮湿时产生黑毛。

【发病规律】　早疫病由半知菌亚门茄链孢菌侵染引起的。病菌可在1℃～45℃范围内生长,高温高湿有利于发病,相对湿度在80%以上,温度为20℃～25℃适宜发病。病菌以菌丝和分生孢子在病残体上越冬,分生孢子随风雨传播,早疫病多在结果初期发生,病叶自下而上发展。密度大、基肥不足时,发病相对严重。

(七)番茄叶霉病

【症　状】　叶霉病是大棚、温室中经常发生的病害,主要危害叶片。最初在叶背面产生界限不明显的淡绿色病斑,并有灰色或紫灰色的霉状物;叶片正面呈淡黄色,病斑扩大后,叶片卷曲干枯。果实上的病斑多环绕果蒂部,为黑色的圆形病斑,病处硬化凹陷。

【发病规律】　该病是由半知菌亚门黄枝孢菌侵染引起。以菌丝和分生孢子在病残体上越冬,翌年借风雨传播。高湿气候是发病的重要条件,湿度90%以上易于流行,光照充足,短期增温至30℃～36℃,对病害有抑制作用。

(八)辣椒疫病

【症　状】　辣椒的根、茎、叶、果实均可侵染发病,果实从幼果开始即可染病,先从果蒂发病,病斑初期出现暗绿色的水浸状病斑,无明显边缘,病斑扩展后呈褐色,扩展迅速,果实开始变软腐烂;湿度大时,病斑长出白色霉状物,这是病菌的菌丝体;如果根部发病,在茎基部出现褐色病斑,很快缢缩,造成维管束和根的功能丧失,引起植株枯萎死亡;叶片被感染,产生水浸状暗绿色病斑,病斑迅速扩展至整个叶片,造成叶片腐烂脱落;茎部分叉处易感染病菌,开始出现暗绿色水浸状病斑,逐渐变成黑褐色、缢缩,最终茎叶干枯。

【发病规律】　辣椒疫病是由鞭毛菌亚门疫菌属中的辣椒疫霉菌的侵染引起的。病菌以卵孢子和厚垣孢子随病残体在土壤里越冬,卵孢子是初侵染的主要来源,随灌水、风雨传播,再侵染主要依靠产生的大量的游动孢子,从气孔、水孔侵入致病。辣椒疫霉菌对温度的适应范围很广,8℃～37℃范围里均能存活,适宜温度为25℃～30℃,所以温度不是限制病菌侵染的因素。相对湿度大于85%、温度在20℃以上时,发病严重;大雨过后,温度上升较快,病害易流行。在适宜的条件下,病原菌4～6小时即可完成侵染,2～3天就可完成一代。

(九)茄子绵疫病

【症　状】　茄子绵疫病俗称"掉蛋",是茄子上的重要病害,同时也可危害番茄、辣椒等蔬菜。染病植株幼苗期便可发病,病菌侵染茎基部出现水浸状病斑,发展迅速,常引起猝倒,造成幼苗枯死。成株期叶片感染,产生水浸状不规则形的病斑,呈褐色或紫褐色,有明显轮纹,边缘不明显;茎部受害形成水浸状病斑,缢缩或折断;花器受害后呈褐色腐烂;果实受害后,开始出现水浸状圆形病斑,边缘不明显,黄褐色或黑褐色,稍凹陷,病部果肉呈黑色腐烂,病果容易脱落,在干燥条件下变成僵果。潮湿条件下各种病斑上均可长出白霉,这是病菌的菌丝、孢囊梗和孢子囊。

【发病规律】 茄子绵疫病是由鞭毛菌亚门茄疫霉菌侵染引起的真菌性病害。病菌以卵孢子随病残体在土壤中越冬,卵孢子经雨水或灌溉水传播侵染,病部长出的孢子囊释放的游动孢子借雨水传播,不断再侵染,使病害蔓延扩大。在高温、高湿条件下,病害发生严重,气温25℃～35℃、相对湿度85％以上时,植株表面结水,病害蔓延迅速。

(十)马铃薯晚疫病

【症　　状】 马铃薯晚疫病是影响马铃薯产量的重要病害之一,又称马铃薯瘟。晚疫病菌侵染叶片和地下块茎。叶片受侵染,初期在叶尖和叶缘处产生水浸状黄褐色小斑点,逐渐扩大并变为深褐色,雨后或有露水时,叶背面病斑边缘出现一层白霜状霉层,病斑外围褪绿,无明显界限,最后叶片腐烂。块茎发病时,表面有淡褐色、凹陷的不规则形病斑,内部变为褐色,干燥时病部干硬,潮湿时变软、腐烂,有臭味。

【发病规律】 病原菌与番茄晚疫病菌相同,是鞭毛菌亚门的致病疫霉菌,病菌主要以菌丝体在块茎中越冬,带菌种薯是病害的初侵染来源。块茎发芽时,菌丝开始活动侵入幼芽,并逐渐蔓延,在幼苗基部形成条斑,遇适宜条件,病菌继续发展,并在病斑上产生孢子囊,借风雨传播,由气孔或表皮侵入,使叶片发病。田间最先发病的植株称为中心病株。中心病株叶片上产生的孢子囊随风传播到周围植株上进行再侵染,环境适宜时,病害扩展蔓延,造成病害大流行。茎叶上的孢子囊借雨水或灌溉水进入土壤,接触块茎后,从伤口、芽眼或皮孔等侵入新块茎,成为翌年初侵染来源。

马铃薯晚疫病的发生和流行与温、湿度有密切关系,在空气潮湿或阴雨条件下最容易发病,当夜间转凉,温度在10℃~13℃,叶片有水珠时,病菌就可以侵染发病,形成中心病株,继而产生大量孢子囊,不断再侵染,最终导致整块田地发病。因此,发现中心病株并进行药剂防治是防止田间病害流行的关键。

(十一)番茄枯萎病

【症　状】　一般在开花期发病,发病初期,下部叶片先变黄,后萎蔫枯死,有时仅半个叶片发病;根部感病后变褐色,茎部维管束变黄褐色,潮湿时,基部长出粉红色霉状物,此为病菌的分生孢子。

【发病规律】　由半知菌亚门的镰孢霉危害引起,病菌在土壤、病残或种子上越冬。病菌的抗逆性非常强,病菌产生的厚垣孢子即使通过牲畜的消化道仍能存活。在土壤里可以长期存活。病菌从根部侵入后,在维管束内蔓延。带菌种子和没有腐熟的粪肥是病菌初侵染的重要来源,灌溉水也可传播病菌。土温20℃~28℃适于发病,土壤板结有利于发病,有根结线虫危害的地块发病更重。

(十二)茄子黄萎病

【症　状】　茄子黄萎病又称半边疯,具有分布广、发病重等特点,除危害茄子外还可危害番茄、甜椒、马铃薯、瓜类等多种蔬菜。茄子从苗期到成株期都可发病,一般在坐果后开始,先是一侧的下部叶片边缘发黄,扩展为整叶变黄、叶缘卷曲,进而病株萎蔫,叶片脱落,植株矮小,剖开茎秆可见维管束变为棕褐色。

【发病规律】　病原菌为半知菌亚门轮枝孢菌。病菌从根部侵入后在维管束扩展,带菌种子是远距离传播的主要途径,一旦传入土壤,可在土壤中存活多年。病菌随粪肥、灌溉水及农事操作可重复传染。重茬地和缺肥地一般发病重。从定植至开花期,日均气温低于 15℃ 的时间越长，发病越早且重，28℃ 时病菌受抑制。

二、病毒病害

(一)番茄病毒病

【症　状】　番茄病毒是世界性分布的病害，在我国从南到北凡是种植番茄的地方几乎都有病毒病发生，症状也是多种多样。由于毒源已经鉴定出的就有 20 多种，且每种毒源还存在不同的株系，因此出现了不同类型的症状。由于毒源和品种的不同，使得番茄病毒病的症状比较多样和复杂，大体上可将其分为以下 6 种类型。

1. 花叶型　叶片上出现黄绿相间的斑驳，呈花叶状，叶面皱缩，叶脉透明，病株比健株略矮。

2. 蕨叶型　叶片由上至下变成线形，严重时卷成管状，植株矮化。

3. 条斑型　主要发生在叶片、茎和果实上，出现下陷的褐色条纹。

4. 巨芽型　在叶腋处或顶部长出大量分支，叶片线状，色淡，芽变大，植株很少结果。

5. 卷叶型　叶片向上卷曲，小叶呈球形，植株萎缩，严重时不能开花。

6. 黄顶型　顶叶褪绿或黄化，叶片皱缩，植株矮化，丛生不定枝。

已知毒源有 20 多种，其中主要是由烟草花叶病毒(TMV)、黄瓜花叶病毒(CMV)、苜蓿花叶病毒(AMV)等病毒的不同株系和不同组合侵染所致。

【发病规律】　烟草花叶病毒寄主范围广泛，病毒可在野生寄主和多种作物上越冬,种子带菌率高达 90% 以上,在病残体上可存活 2 年,农事操作如整枝打杈是重要的传播途径,带毒的烟卷可以通过吸烟者的田间操作传播病毒。

黄瓜花叶病毒主要在多年生杂草上越冬,通过传毒昆虫如蚜虫传播,不能由种子和土壤病残体传播。高温干旱的天气条件下,蚜虫发生量大的年份发病较重。另外,粉红系列品种比大红系列品种抗病。

(二)辣椒病毒病

【症　状】　辣椒病毒病是辣椒生产上的突出问题,尤其保护地温室和大棚中种植的辣椒,发病普遍且严重,从苗期到成株期均可发病,开花结果期症状表现明显。辣椒病毒病的症状大致可分为以下 4 种类型。

1. 花叶型　发病初期幼苗叶片出现浓绿色和淡绿相间的斑驳条纹,呈花叶状,叶脉萎缩致使叶面皱缩不平。发病严重时,植株矮化,上部茎节缩短,分支增多,叶片变小、畸形,甚至可造成落叶、落花、落果。

2. 丛生型　病株分枝丛生许多小枝,叶片狭小而扭曲、呈淡黄色,叶片增厚、变窄或呈线形;果实出现浓绿色和淡绿色相间的花斑,有突起,畸形易落果。

3. 蕨叶型　染病叶片变成线状。蕨叶主要发生在上部叶片,病株矮小,分枝增多,呈丛枝状。

4. 坏死型　病株叶上出现暗绿色坏死条纹或环纹斑,在嫩茎上出现暗绿色、长短不一的条斑,在高温条件下很快发展为坏死条斑,顶部嫩叶和花蕾容易脱落,发病严重时,叶片全部脱落仅剩光杆。

在田间,因品种、地域、毒源或毒源的组合的不同,症状表现也有很大的不同,有时经常出现混合发生的现象。

【发病规律】 辣椒病毒的毒源,已经报道的有十几种,在我国各地鉴定结果也不完全相同,但主要有黄瓜花叶病毒(CMV)、烟草花叶病毒(TMV)、马铃薯 Y 病毒(PVY)和马铃薯 X 病毒(PVX)等。辣椒病毒病的传播方式主要有两种,一是借传毒昆虫如蚜虫、飞虱、叶蝉等传播,昆虫传播的病毒有黄瓜花叶病毒、马铃薯 Y 病毒;另一种(如烟草花叶病毒)是靠摩擦和伤口传播,通过整枝打杈等农事操作传染。高温、干旱环境,早春少雨,蚜虫发生量大时发病严重。另外,尖椒比灯笼甜椒抗病。

三、细菌性病害

(一)番茄溃疡病

【症　　状】 溃疡病是细菌性的维管束病害。发病初期,植株下部叶片萎蔫下垂,叶片卷缩,后期茎秆上出现条斑,茎秆变粗,产生大量气根,髓部变褐,茎中空。幼果染病后皱缩、畸形,青果上出现圆形病斑,外有白圈,似鸟眼状,俗称"鸟眼斑"。

【发病规律】 病原细菌为密执安棒杆菌番茄溃疡病致病型,病菌可在种子及病残体上越冬,病菌通过带病种子行远距离传播。病菌主要从伤口侵入,害虫或农事操作在茎叶、花柄及幼根造成的伤口,是细菌侵入的主要途径,当有病种子与健康种子混合采收时,病菌会污染种子,造成种子表皮带菌。雨水和灌溉水则是近距离传播的主要途径,分苗移栽及整枝打杈等农事操作也可造成病菌的传播蔓延。温暖潮湿、结露时间长,是发病的重要条件。

(二)番茄疮痂病

【症　　状】 病原细菌可危害植株叶片、茎、果柄和果实。疮痂病发生在幼苗期时,子叶出现水浸状银色小斑点,后变为暗色的凹陷病斑,引起落叶甚至死苗。成株发病初期,叶片出现水浸状黄绿色小斑点,扩展后成为圆形或不规则形病斑,病斑中央凹陷,边缘隆起,呈疮痂状。发病严重时,叶片发黄,早期即脱落。茎、叶柄、果柄及果实均可发病,果实发病后表面初生褐色或暗绿色隆起的斑点,圆形或椭圆形,后逐渐发展成为疮痂状。

【发病规律】 病原细菌为黄单胞杆菌,主要在种子表面越冬,土壤中的病残体也是翌年主要的侵染来源,通过灌溉水和农事操作传播。病菌发育最低温度为5℃,最适温度为27℃～30℃。高温、高湿利于发病。

(三)辣椒疮痂病

【症　状】 病斑初期为褪绿的小点,逐渐扩展成2～3毫米的黄色圆斑,中央灰白色,隆起呈疮痂状,外围有明显的黄色晕圈,这是该病的典型特征。茎枝染病则产生油浸状的黑褐色条斑,严重时,病斑呈木栓化隆起并纵裂,成为溃疡状疮痂斑。果实染病则产生隆起的疮痂斑,中央裂开,病斑相连可导致果实畸形。

【发病规律】 病原细菌与番茄疮痂病为同一种,病菌通过昆虫和风雨传播,从伤口或气孔侵入,在温度25℃～28℃利于发病,高湿(空气相对湿度90%以上)或叶面有水膜时发病更为严重。

(四)番茄、辣椒青枯病

【症　状】 青枯病是侵染维管束的系统性细菌病害,主要在南方种植的蔬菜上发生,但随着保护地种植模式的发展,青枯病的发生地域逐渐向北扩展,近几年在山东、河北一带经常发生。植株一般长至30厘米左右时开始出现症状,先是顶部叶片萎蔫下垂,以后下部和中部叶片凋萎,直至整株枯死。初期白天萎蔫,晚间可恢复,叶片变成浅绿色,茎表皮粗糙,下部长出不定根和不定芽,剖开茎部维管束可见其变为褐色,横切病茎用手挤压时,维管束里可溢出菌液。

【发病规律】 病原细菌称青枯假单胞菌,主要随病残体在土壤中越冬,一般在土壤中可存活3~5年,土壤中的病菌是翌年的主要初侵染源,带菌的粪肥也可侵染。病菌通过雨水和灌溉水传播,从根部或茎基部的伤口侵入,在维管束里扩展,病菌在10℃~40℃均可生长繁殖,最适宜的温度是30℃~37℃。所以,高温、高湿是青枯病发病的有利条件,一般大雨后转晴的天气发病严重,南方比北方发病相对较为严重。

(五)马铃薯环腐病

【症 状】 环腐病是一种细菌性维管束病害,主要引起地上部分萎蔫和地下部分沿块茎维管束发生环状腐烂。地上部症状因品种和环境条件不同,症状有很大变化。

1. 萎蔫型 自顶端复叶开始萎蔫,叶片边缘向叶面稍纵卷,似缺水状,逐渐黄化萎凋甚至枯死,但叶片不脱落。在北方,多数在开花以后发病,在干旱年份,病株枯死较早,减产严重。在高温高湿条件下,病势发展快,严重时可引起死苗,一般造成发芽延迟,生长受抑制,植株矮小,花期可出现明显的矮化和萎蔫症状,对产量影响很大。

2. 枯斑型 一般下部复叶的顶端小叶先发病,叶尖或叶缘呈褐色,叶脉间呈黄绿色或灰绿色,有明显斑驳症状,同时叶尖逐渐枯干并向叶面纵卷。顶端小叶出现枯斑后,其他小叶也相继出现。病害逐渐向上蔓延,最终导致枯死。严重时,病株生长矮小,出现枯死斑后很快枯死。病株茎基部的切面上,可看到维管束变为黑褐色。

3. 薯块症状 薯块外部症状不明显,切开后可看到维管束变成黄色或褐色,严重时维管束变色部分可连成一圈,甚至皮层与髓部可脱离。用刀切开新鲜病薯后,用手挤压,可以看到从维管束挤出的乳白色或黄色菌脓。经越冬贮藏的病薯的芽眼干枯变黑,甚至外表开裂。轻病薯出苗后形成病株,重病薯播种后,有的不能出芽,有的出芽不久便死亡。

【发病规律】 病原是棒状杆菌属的马铃薯环腐细菌。带菌种薯是主要初侵染源。采用切块播种时,切割工具传病是扩大侵染的主要途径。病菌只能从伤口侵入,并且只有接触到维管束部分才能侵染。实际上只要用刀切过带菌的薯块,再切健薯,就可以传病,增加田间发病率。环腐病细菌在土壤中不能长期存活,前一年收获时遗留在田间的病薯不能成为翌年初侵染源,但病菌可以在盛放种薯的容器上存活。因此,种薯和切刀消毒是防治环腐病的关键措施。

四、主要防治措施

(一)真菌性病害防治方法

【农业防治】 选种抗病品种,如农大23、中蔬4号、中蔬5号、中杂4号等,并加强栽培管理,最好起垄种植,注意排水降低湿度;前茬收获后要认真清洁田园,不留任何植株残体和杂草。

【消毒预防】

1. 种子消毒 用量是种子重量0.1%的95%恶霉灵拌种(干拌或湿拌),拌种后直接播种,不可闷种催芽。或用95%恶霉灵3 000倍液,或15%恶霉灵水剂600倍液浸种4~6小时,晾干直接播种,或用1%硫酸铜液浸种5分钟,捞出后拌少量草木灰播种。

2. 棚室消毒 保护地温室或大棚,每667平方米(亩)可用45%百菌清烟雾剂250~300克熏蒸,或5%百菌清粉尘剂1千克喷粉。也可用硫黄粉熏蒸以预防白粉病、叶霉病等。

3. 架材消毒 1%高锰酸钾溶液浸泡消毒。

4. 苗床和土壤消毒 每平方米用95%恶霉灵1.5～2克。

【药剂防治】 露地和保护地选用下列杀菌剂进行防治,注意交替使用,避免产生抗药性。80%大生可湿性粉剂500倍液,或喷施75%百菌清可湿性粉剂600倍液,或喷施25%嘧菌酯悬浮剂1500倍液或喷施47%春雷王铜·可湿性粉剂600～800倍液,可与任何农药混用,但对黄瓜、白菜幼苗敏感,或50%乙霉·多菌灵可湿性粉剂1000～1500倍液,或70%代森联干悬剂500～600倍液,或66.8%丙森·缬霉威800～1000倍液。

1. 以叶霉病、早疫病和白粉病防治为主 10%苯醚甲环唑水分散剂1500倍液,或25%嘧菌酯悬浮剂1500倍液,或80%代森锰锌可湿性粉剂500倍液,或40%氟硅唑乳油8000倍液,或75%百菌清可湿性粉剂600倍液。

2. 以马铃薯、番茄晚疫病、辣椒疫病和茄子绵疫病防治为主 64%杀毒矾可湿性粉剂400倍液,或72.2%霜霉威盐酸盐水剂600～800倍液,或72%霜脲·锰锌可湿性粉剂600倍液,或69%烯酰·锰锌水分散粒剂600倍液,或68%甲霜·锰锌水分散粒剂600～800倍液,或52.5%噁酮·霜脲氰水分散粒剂1800倍液喷施,或66.8%丙森·缬霉威800～1000倍液。

3. 以灰霉病和菌核病防治为主 可选用下列杀菌剂:50%乙霉·多菌灵可湿性粉剂800～1000倍液,或40%嘧霉胺悬浮剂1200～1500倍液,或50%乙烯菌核利水分散粒剂800～1000倍液;也可以单独用上述杀菌剂或果霉宁、黄金保果素等喷雾或蘸花。

因灰霉病主要从花期侵染,所以蘸花时要在配好的蘸花药液(如2,4-D或保果灵等)中加入0.1%～0.3%的50%速克灵,或65%甲霜灵可湿性粉剂,或每2～3升水中加入10毫升2.5%适乐时(咯菌腈)悬浮剂混合均匀,在花期用毛笔涂抹花柄或用药液蘸花。

当果实膨大后可选用下列杀菌剂防治:25%嘧菌酯悬浮剂1 500倍液,或达科宁600倍液,或50%乙霉·多菌灵可湿性粉剂800～1 000倍液,或50%乙烯菌核利悬浮剂800～1 000倍液,或50%异菌脲悬浮剂1 000～1 500倍液等喷雾,或10%多抗霉素可湿性粉剂1 000～1 500倍液。

防治菌核病可选用上述杀菌剂喷雾或调成糊状直接涂抹在染病处。

4. 以茄子黄萎病和番茄枯萎病防治为主

(1)种子消毒　具体方法参考前文。

(2)苗床消毒　每平方米用3%氯唑磷颗粒剂12克,或10%噻唑磷颗粒剂3克,或噁霉灵1.5～2克。

(3)土壤消毒　定植前每667平方米施入石灰氮75～100千克,然后施入基肥,做畦灌足水后,覆盖塑料薄膜,闷棚15～20天,开棚通风,疏松土壤后移栽菜苗。

(4)嫁接防治技术　嫁接技术主要是利用砧木根系发达抗病力强的优点,达到抗病增产的目的。嫁接技术在发达国家,如日本、欧盟等国应用已很普遍。

茄子嫁接主要是利用野生茄子做砧木,如刺茄、托鲁巴姆、无刺茄砧、优力加、CRP、托托斯加等,番茄用砧木有特路丝、TRS-401等。茄子嫁接技术和嫁接苗管理的具体方法如下。

提前25～30天播种野生茄子,播前可用100～200毫克/升赤霉素在20℃～30℃条件下浸泡24小时,然后洗净,在变温条件下催芽(20℃下16小时,30℃下8小时),8～10天可出芽,当砧木长到6～7片真叶、接穗长到4～5片真叶时,采用劈接法嫁接。即先在砧木第二片真叶上方用刀片横切断,再从中间垂直切入1厘米深,然后将接穗茄子在第四片真叶下方的茎的两侧削成1厘米楔形,插入砧木切口处,表皮对齐,用夹子固定或塑料条包好,将嫁接苗放在温室小拱棚内,浇足水,温度保持25℃～28℃,空气相对湿度保持95%～100%，并要全遮荫，5天后半遮荫，10天后正常管理，当接穗长到6～7片叶时即可定植。

(5)药剂防治　当黄萎病、枯萎病发病初期，注意观察植株在现蕾时中午萎蔫而早晚恢复正常，这时为初发病期，用恶霉灵3 000倍液在茎基部淋施，每株200～300毫升药液，淋施2～3次即可。

(二)病毒病防治方法

【农业防治】

1. 选用抗病品种　现在育出的抗病毒品种很多，选用适合当地的品种是经济有效的防治手段。

2. 种子消毒　种子先用清水浸泡3～4小时，再放入10%磷酸三钠溶液中浸种20～30分钟，洗净后催芽播种；或在70℃干热条件下处72小时。

3. 加强栽培管理　适当早播，促进早发育，早结果；配方施肥，培育壮秧；夏季进行遮阳网和防虫网栽培，育苗期加防虫网可有效阻断传毒昆虫活动，培育无毒苗；露地种植田可以采用与高秆作物间作方式遮荫降温，并有阻隔传毒昆虫的作用；可采用银灰膜驱避蚜虫，利用黄板诱蚜。

【生物防治】

1. 弱病毒疫苗(N_{14})浸根　在番茄2片真叶分苗时，将根洗净后，浸泡在病毒疫苗100倍稀释液中30～60分钟，然后再栽苗，稀释液可反复使用3～4次。

2. 病毒疫苗喷雾　在番茄长出3片真叶以前，在疫苗100倍稀释液中加入0.5%的金刚砂(600目)用高压喷枪将稀释液喷到幼苗叶片上，可预防强致病性病毒的侵入；或用2%氨基寡糖素水剂300～500倍液喷施。

【药剂防治】

1. 苗期喷施 20%吗胍·乙酸铜可湿性粉剂500倍液,或0.5%菇类蛋白多糖水剂200~300倍液,或1.5%十二烷基硫酸钠乳油800~1 000倍液,对病毒均有一定的抑制作用,或也可用20%氨基寡糖素水剂500倍液喷雾。

2. 防治传毒昆虫 及时防治蚜虫、烟粉虱、蓟马等昆虫,可用2.5%水剂1 500倍液,或10%吡虫啉可湿性粉剂1 000倍液,或25%噻虫嗪水分散粒剂2 500~5 000倍液喷施。

(三)细菌病害防治方法

【严格检疫】 对疫区往外调运的种苗必须经过检疫,一旦发现种苗和果实调运到无病区,应立即采取措施,防止病原扩散。

【种子处理】 建立无病留种田,采收并选用无病种子。或用52℃温水浸种30分钟,取出后催芽播种;或在70℃干热条件下灭菌72小时;或用农用链霉素浸种,每千克种子用链霉素200毫克浸种2小时。

【药剂防治】 农用链霉素1克对水15升,每株用药液150~200毫升,或用200毫克/千克农用链霉素,或用1:1:200倍波尔多液,或用77%氢氧化铜可湿性粉剂500倍液,或用2%春雷霉素液剂600~800倍液,或用47%春雷·王铜可湿性粉剂800倍液,或50%氯溴异氰脲酸盐1 000~1 500倍液。

思 考 题:

1. 茄果类蔬菜上的常见病害有什么特点?
2. 如何防治茄果类蔬菜上的真菌病?
3. 防治茄果类蔬菜病毒病时应注意什么?

第四章 瓜类蔬菜病害及防治

一、真菌性病害

(一)黄瓜霜霉病

【症　状】 黄瓜霜霉病属暴发性病害,是黄瓜上最突出的病害,因年份和管理的水平不同,病害发生的程度也不同,严重的可造成毁种。霜霉病主要危害叶片,也可危害茎和花梗,子叶染病后,先出现褪绿小点,逐渐变成不规则的枯黄斑,潮湿条件下,子叶背面可长出灰黑色霉层。随着病情发展,子叶很快变黄枯干。成株期发病,叶片出现淡绿色水浸状斑点,扩大后的病斑受叶脉限制而呈多角形。此时的病斑易与细菌性角斑病混淆,但细菌性病斑呈油浸状,且病斑较小,而霜霉病病斑很快汇合成褐色的大病斑,最后全叶干枯、卷缩。潮湿条件下,病斑背面长出灰黑色霉层,即孢子囊梗和孢子囊,晴天易干枯破裂。一般病叶由下向上发展,严重时全株叶片枯死。

【发病规律】 霜霉病是由鞭毛菌亚门假霜霉菌属真菌侵染引起的,病菌的孢子囊在水中萌发产生游动孢子,随即鞭毛收缩成为静孢子,静孢子萌发产生芽管,由气孔或直接穿透表皮侵入叶片。在大棚或温室种植黄瓜的地方,霜霉病菌可周年侵染循环。病菌主要靠气流传播,孢子萌发和侵入时,叶面一定要有水滴或水膜,多雨和温差大时发病重。

(二)瓜类疫病

【症　　状】　瓜类疫病是夏、秋季瓜类上的重要病害,尤其在雨水多的年份,地势低洼、排水不良的瓜田常发生大面积死秧和烂瓜。在黄瓜整个生长期中,各个部位均可受病菌侵染,但以幼茎和嫩尖受害最重。幼苗发病多从嫩尖开始,呈暗绿色水浸状萎蔫,逐渐干枯秃尖。成株期主要是嫩茎和节部变软缢缩,病部以上萎蔫。瓜条多从花蒂处发病,初为水浸状凹陷的病斑,很快扩展至全果,迅速腐烂。

【发病规律】　病菌发育的温度为9℃～37℃,最适宜的温度为28℃～30℃,在适宜的温度下,湿度大小是病害发生的决定因素,连续阴雨或浇水过多,造成室内湿度增加,易加重病害的发生。

(三)黄瓜黑星病

华北地区和东北三省发病比较普遍,尤其东北地区发病更为严重,对产量影响较大,已成为大棚和温室等保护地黄瓜的重要病害,除危害黄瓜外,病菌还可以侵染西葫芦、南瓜和甜瓜等。

【症　　状】　黄瓜黑星病可以危害叶片、茎和瓜条,其中以嫩茎、嫩叶和幼瓜受害最为严重。幼苗期发病,子叶上出现病斑,严重时心叶枯萎、停止生长,最后枯死。叶片染病,开始出现小斑点,逐渐扩大为近圆形的淡黄褐色小病斑,很快呈星状开裂、穿孔。茎蔓、叶柄和果柄感病则形成梭形病斑,中间凹陷开裂,分泌琥珀色胶状物,干燥后易脱落,潮湿条件下可长出灰黑色霉层。瓜条上的病斑呈疮痂状,暗绿色、凹陷,瓜条扭曲畸形,湿度大时,病斑上长出灰黑色霉层,后期产生白色半透明的胶状物,干燥后变为琥珀色的块状并脱落。

【发病规律】　黄瓜黑星病是由半知菌亚门瓜枝孢霉菌侵染引起的,病菌以菌丝体随病残体在土壤中越冬,种子内外均可带菌,附着在棚室表面以及棚架上的菌丝体都可成为翌年的初侵染源。温度9℃~30℃、空气相对湿度85%以上时,均可发病,病菌发育的最适温度为20℃~22℃。当黄瓜生长弱,处于20℃以下时更有利于发病。通风不良,阴雨天光照不足时,发病严重。

(四)黄瓜炭疽病

【症　状】　在北方,黄瓜炭疽病主要发生在大棚和温室里,除危害黄瓜外,病菌还可侵染冬瓜、苦瓜、西瓜和甜瓜等,在苗期和成株期均可发生。幼苗期多发生在子叶边缘,出现褐色、半圆形、大小不等的病斑,初期为水浸状,很快干枯呈红褐色,边缘有晕圈,常数个病斑连片形成不规则的大病斑,潮湿条件可长出粉红色黏状物。在干燥条件下,病斑常开裂,造成穿孔或叶片开裂。茎部感染出现深褐色凹陷的条斑,严重时植株枯死。瓜条发病时,出现凹陷的、淡绿色圆形病斑,高湿条件病斑可长出粉红色黏状物。

【发病规律】　黄瓜炭疽病是由半知菌亚门葫芦科刺盘孢菌侵染引起的,病菌主要以菌丝体和拟菌核在种子上或随病残体在土壤中越冬,大棚和温室的表面也可带菌,作为翌年初侵染源。也可随昆虫、灌水以及农事操作传播。病害发生的温度范围是10℃~30℃,最适温度是24℃,最适湿度87%~95%,通风差、氮肥施用过多或灌水过量,发病相对较重。

(五)黄瓜枯萎病

【症　状】　黄瓜枯萎病在全国各地种植黄瓜的地区均普遍发生,尤其是保护地种植的黄瓜发病更为严重。植株从幼苗到成株都能发病,结瓜期发病最重。幼苗发病,基部变为黄褐色并萎缩,子叶萎蔫下垂。开花期发病,初时叶片中午萎蔫,早晚可恢复,后逐渐发展为全株萎蔫,甚至枯死。纵切病茎,可见维管束变褐。潮湿条件下,病部可长出白色或粉红色的霉状物,有时会流出琥珀色的胶质物。

【发病规律】 病菌是半知菌亚门尖孢镰刀菌黄瓜专化型。病菌以菌丝体、厚垣孢子或菌核在土壤和未腐熟的堆肥中越冬,种子带菌或带病的土肥是病菌的初侵染源,病菌可在土壤中存活5～6年,一旦传入,很难根除,所以连作地块发病重。

(六)瓜类白粉病

【症　状】 瓜类白粉病在各地均有发生,可危害黄瓜、冬瓜、南瓜、西葫芦、丝瓜、甜瓜、菜豆及豇豆等多种蔬菜,叶片、叶柄和茎都可受害,其中以叶片为主。发病初期出现褪绿斑点,逐渐变成白色小粉斑,扩展后形成没有边缘的大白粉斑,许多白粉斑可互相连片,直至整个叶片布满白粉。白粉霉层下面的叶片褪绿变为褐色,后期霉斑灰白色并生有黄褐色小粒点,逐渐变成黑色。发病严重时,叶片正反面全布满白粉,可四散飞落,最后叶片因养分和水分供给不足而枯死。

【发病规律】 病原菌是子囊菌亚门的单丝壳白粉菌,是一种专性寄生菌。白粉状霉层后期变成的小黑点便是病菌的子囊壳,病菌以子囊壳和菌丝随病残体在土壤中越冬,作为初侵染源。如果设施栽培周年种植瓜类,可使病菌连续侵染,白粉层上面的白粉是病菌的粉孢子,借气流传播,蔓延迅速。病害在高温、高湿与高温、干旱交替的条件下、植株长势较弱时,发病严重。

二、病毒病害

瓜类病毒病是黄瓜、西瓜、甜瓜、冬瓜、南瓜、丝瓜、苦瓜和西葫芦花叶病的总称,其中以西葫芦病毒病危害最为严重,虽然各地毒源不完全相同,但在瓜类上表现的症状却很相似,即出现明显的花叶状,所以瓜类病毒病也叫花叶病。

第四章 瓜类蔬菜病害及防治

(一)黄瓜花叶病毒病

属系统性病害。幼苗期感病,叶片表现为浓绿色和淡绿色相间的花叶;成株期染病,新叶呈黄绿相嵌状花叶。病叶变小并有皱缩,严重时叶片反卷,病株下部叶片逐渐黄枯。瓜条染病后表面凹凸不平,出现深绿色和浅绿色的斑块,发病严重时,植株节间缩短、丛生小叶,不能结瓜甚至枯死。

(二)西葫芦花叶病毒病

有花叶型和黄化皱缩型,两者也可混合发生。发病严重的植株,叶片上出现深绿色疱斑,上部叶片皱缩畸形,呈鸡爪状,植株矮化,节间缩短,瓜条呈畸形或不能结瓜。

(三)南瓜花叶病毒病

染病叶片出现黄斑,或为深浅相间的斑驳花叶,有时沿叶脉变成深绿色呈绿色相间条带,严重发病时叶片凸凹不平,叶片皱缩变形,茎蔓和顶部扭曲,开花后病情逐渐加重,果实染病出现褪绿斑,严重时果实抽缩变形。

瓜类病毒病防治方法,可参照茄果类蔬菜病毒病防治方法。

三、细菌性病害

黄瓜角斑病

【症 状】 该病在东北和华北地区露地生长的中后期和保护地栽培前期为常见的病害,除黄瓜外,南瓜、丝瓜和甜瓜等蔬菜也可受害。幼苗发病,在子叶上产生圆形的水浸状、凹陷的小斑点,后变褐干枯。成株叶片发病,初为水浸状斑点,受叶脉限制而发展成多角形褐色病斑。潮湿条件下,病斑外围具有明显的水浸状晕圈,同时产生白色菌脓。干燥时病斑易干裂,造成穿孔。瓜条和茎蔓感病初期呈水浸状,后出现溃疡或裂口,并有菌脓溢出,干枯后呈乳白色并有裂纹,果实发病造成腐烂和幼果早落。

【发病规律】 黄瓜细菌性角斑病是由假单胞杆菌属的细菌侵染引起的,细菌在种子内或随病残体在土壤中越冬。病菌在种子上可存活2年,种子萌发时,细菌即可侵染子叶,病菌通过灌溉水侵染叶片,也可通过风雨、昆虫及农事操作等传播,再由伤口、气孔或水孔侵入植物体内危害。湿度是细菌角斑病发病的重要条件,低温、高湿、重茬或连阴天,大棚和温室相对发病较重。该病一般在春末夏初发生,适宜温度为25℃~28℃,细菌在50℃条件下时10分钟即可致死。总之,病害在低温多雨的年份发病普遍且严重。

四、主要防治措施

(一)真菌病害防治方法

【农业防治】

1. 选用抗病品种 选用抗病、耐病品种,如津研4号、6号,津杂1号、2号,中农1号、3号,早春4号,鲁春32号等。

2. 高温闷棚 利用黄瓜霜霉病等病菌在42℃以上停止活动并逐渐死亡的特性,可采用高温闷杀的方法,防止病害扩展蔓延。具体方法是:在晴天的上午将大棚或温室封闭,使棚室温度迅速上升,当黄瓜龙头部位达到42℃~45℃时,保持2小时,然后慢慢加大通风口,使温度缓慢下降至28℃左右。隔5~7天可再进行一次,在一个生长季可以进行2~3次,能达到控制病害的效果。

3. 生态调控 以黄瓜霜霉病为主的黄瓜真菌病害,发病适温多在18℃～25℃,同时需要叶面有露水或水膜,这是病害发生和流行的基本条件。如果在棚室密闭条件下,人为的对湿度和温度进行控制,使其有利于作物的生长发育而不利于病害的发生,就能达到控制病害的目的。具体方法是:上午将棚室内温度控制在28℃～32℃,空气相对湿度降到80%以下;中午通风使温度下降,至16时左右温度下降到20℃左右,相对湿度降到75%左右;午夜前将温度控制在15℃～20℃,空气相对湿度在70%～80%;午夜后将温度下降至10℃～13℃(根据黄瓜品种低温忍耐力而定),相对湿度上升到90%以上。原理主要是利用低温抑制病害,同时缩小室内外温差,减少结露。除控制温、湿度外,还应注意棚室内的光照,选用透光度好的棚膜,及时清除棚膜上的尘土和污物;增加室内二氧化碳浓度,促进光合作用。

【药剂防治】

1. 防治霜霉病、疫病 可用64%噁霜·锰锌可湿性粉剂400倍液,或72.2%霜霉威盐酸盐水剂600～800倍液,或72%霜脲·锰锌可湿性粉剂600倍液,或69%烯酰·代森锰锌水分散粒剂600倍液,或68%金雷(甲霜灵+代森锰锌)水分散粒剂600～800倍液喷施,或40%艾霜可湿性粉剂800～1 000倍液喷施。

2. 防治黑斑病、白粉病、炭疽病和黑星病 可用10%苯醚甲环唑水分散剂1 500倍液,或25%嘧菌酯悬浮剂1 500倍液,或80%代森锰锌可湿性粉剂500倍液,或40%氟硅唑乳油8 000倍液,或75%百菌清可湿性粉剂600倍液。

3. 防治黄瓜枯萎病 普遍采用嫁接的方法,嫁接砧木用黑籽南瓜,或用由日本引进的白籽南瓜——优清台木,或中原冬生。

土壤消毒和药剂治疗,参照茄果类蔬菜中真菌病害防治中番茄枯萎病防治方法。

(二)病毒病害防治方法

参照茄果类蔬菜病毒病害防治方法。

(三)细菌病害防治方法

参照茄果类蔬菜病毒病害防治方法。

思 考 题:

1. 瓜类蔬菜常见真菌病害有什么特点?
2. 瓜类蔬菜细菌病害有什么危害特点?
3. 如何防治瓜类的常见病害?

第五章 十字花科蔬菜病害及防治

一、真菌性病害

(一)白菜霜霉病

【症　状】 白菜霜霉病俗称霜叶和白霉病,发生普遍且严重,除危害大白菜外,还侵染小白菜、油菜、甘蓝、花椰菜、芜菁、芥菜、雪里蕻和萝卜等十字花科蔬菜。主要危害叶片。苗期发病,叶正面出现淡绿色斑点,扩大后变黄。潮湿时,叶背面长出白色霉状物,高温干旱时,病部形成圆形的枯斑。成株发病,由下部叶片开始,初现褪绿斑点,逐渐发展为黄绿斑,因受叶脉限制呈多角形。潮湿时,叶背长出白霉,此为病菌的孢子囊和孢囊梗。严重时,病斑可连片,叶片由外向内枯死。花薹、花梗及种荚发病时,呈肿胀扭曲状。

【发病规律】 病菌以卵孢子和菌丝在病残体及留种株上越冬,翌年春季,孢子囊萌发侵染小白菜、小萝卜、采种白菜和油菜,病斑上形成孢子囊,借风雨进行再侵染。

(二)白菜白斑病

【症　状】 白斑病发生比较普遍,北方冷凉地区发病较重,常与霜霉病同时发生,不仅造成产量上的损失,还影响蔬菜品质,使其不耐贮藏。除危害白菜外,还可危害甘蓝、油菜、萝卜、芹菜和雪里蕻等。主要危害叶片。初为灰褐色小圆点,散生,病斑扩大后呈近圆形或卵圆形,中间灰白色,有时病斑上出现1~2轮纹,周围有淡黄色晕圈,病斑最终为白色,半透明;发病后期病斑连片形成枯死斑。潮湿条件下,病斑背面产生灰白色霉状物。

【发病规律】 病害是由半知菌亚门白斑小尾孢菌侵染引起的。病菌以菌丝体随病残体在土表或采种株上越冬,附着在种子上分生孢子也是重要的初侵染源。从病组织上产生的分生孢子借风雨传播,分生孢子从叶片气孔侵入,发病适宜温度是11℃~23℃,多雨年份发病严重。

(三)白菜黑斑病

【症　状】 白菜黑斑病是常见的病害,除危害白菜外,还可侵染甘蓝、花椰菜、萝卜、油菜、芥菜和芹菜等蔬菜。病菌危害植株的叶片、叶柄、花梗及种荚等部位,从外叶开始发病,病斑呈圆形,初期为灰白色或灰褐色,有同心轮纹,周围有时出现黄色晕圈。潮湿条件下,病斑上产生黑色霉状物,此为病菌的分生孢子梗和分生孢子。病斑从叶缘开始产生,有时病斑出现穿孔,病斑多时,可连片造成叶片枯死。

【发病规律】 黑斑病是由半知菌亚门芸薹链格孢菌等多种链格孢菌侵染引起的,病菌以菌丝或分生孢子在病残体上越冬,黏附在种子上的分生孢子是翌年重要的初侵染来源。在潮湿条件下,病斑上产生大量分生孢子,借气流传播。黑斑病发病适宜温度为15℃~17℃,所以北方在晚秋时节易发生和流行。

二、病毒病害

白菜病毒病

【症　状】 白菜病毒病又称白菜花叶病、孤丁病、抽疯病。发生普遍且严重,常与白菜霜霉病、白菜软腐病并称为白菜三大病害,除危害白菜外,还危害小白菜、甘蓝、青菜、菜心、萝卜、芹菜和芜菁等蔬菜作物。苗期和成株期以及采种株上都可发病,但以苗期发生为主。该病主要是由芜菁花叶病毒,黄瓜花叶病毒,烟草花叶病毒等引起,冬季病毒在窖藏大白菜或越冬菠菜以及十字花科蔬菜上越冬,翌年春天靠蚜虫将毒原传到十字花科蔬菜上,再传到秋菜上,在有大棚、温室等保护地种植蔬菜的地方,病毒可以周年不断的侵染循环。

【发病规律】 田间蚜虫是主要传病媒介。蚜虫的数量与发病有密切关系,而蚜虫数量与气候条件有关,高温、干旱条件适宜蚜虫繁殖,也有利于病毒的传播,因此,适时播种,适当蹲苗可降低蚜虫的传播几率。

三、细菌性病害

(一)白菜软腐病

【症 状】 白菜软腐病又称烂疙瘩,从莲座期至包心期均有发生。发病时常见外部叶片萎蔫,初期晴天中午萎蔫,早晚可恢复,持续几天后,病株外叶平铺地面,心部和叶球外露,叶和根的基部组织腐烂,流出灰褐色的黏稠状物,病株易折倒;病菌由基部伤口侵入,形成水浸状浸润区,逐渐扩大后变为淡灰褐色,病组织呈黏滑状软腐;病菌由叶柄、外部叶片边缘或叶球顶端伤口侵入,引起整株腐烂。软腐病造成的腐烂具有恶臭味,这是与真菌病害引起的腐烂在诊断上的主要的区别。干燥条件下,腐烂的病叶逐渐失水变干,呈薄纸状,紧贴叶球。

【发病规律】 软腐病是一种细菌病害,该病不仅在田间引起腐烂症状,在贮藏及运输过程中都能引起腐烂。病菌主要在留种株、病叶和未腐熟的肥料中越冬。通过雨水、灌溉水和昆虫传播蔓延,从伤口侵入危害。

(二)甘蓝黑腐病

【症　状】　黑腐病是细菌引起的维管束病害,分布广,长年发生,大发生时危害严重,是甘蓝生产上的重要病害。除危害甘蓝外,还危害萝卜、花椰菜、白菜、油菜、芜菁、芥菜、雪里蕻等蔬菜作物。病害在苗期和成株期均可发病,子叶期发病形成水浸状病斑,成株期多在下部老叶上发生,典型症状是在叶缘处产生"V"字形黄色病斑。坏死病斑扩大成黄褐色,病斑边缘浅黄色,与健康组织没有清晰界线。病部叶脉变黑呈网状,病叶最后干枯,根茎部受害,维管束变黑,心部干腐,最终全株萎蔫死亡。

【发病规律】　病原菌是野油菜黄单胞杆菌野油菜黑腐致病变种。病菌在种子、种株及土壤中的病残体上越冬,一般可存活2~3年。通过种子、雨水、灌溉水和昆虫传播,由伤口、气孔侵入危害。

四、主要防治措施

(一)真菌病害防治方法

【农业防治】　种植抗病品种白菜如津绿55、北京欣2号、晋菜3号、鲁白6号等。注意清除田间病残株;及时排水,高畦栽培;增施磷、钾肥,提高植株的抗病力;深翻土地并施行轮作倒茬。

【药剂防治】

1. 防治霜霉病　用64%噁霜·锰锌可湿性粉剂400倍液,或72.2%霜霉威盐酸盐水剂600~800倍液,或72%霜脲·锰锌可湿性粉剂600倍液;或69%烯酰·锰锌水分散粒剂600倍液,或68%甲霜·锰锌)水分散粒剂600~800倍液喷雾。

2. 防治白斑病、黑斑病　可用10%苯醚甲环唑·水分散粒剂

1 500 倍液,或 25％嘧菌酯悬浮剂 1 500 倍液,或 80％代森锰锌可湿性粉剂 500 倍液,或 40％氟硅唑乳油 8 000 倍液,或 75％百菌清可湿性粉剂 600 倍液。注意使用药剂防治时应交替轮换使用,避免产生抗药性。

(二)病毒病害防治方法

【农业防治】

1. 选用抗病品种 种植当地适宜的抗病品种,如青帮品种较抗病;适期播种,不宜过早播种,应避开高温、干旱气候和蚜虫多发的时期,可减轻病毒病的发生。

2. 防蚜、避蚜 播种后搭建拱棚,覆盖 50 目防虫网,或用银灰反光塑料薄膜避蚜。当菜苗长到 6~7 片真叶时,撤去防虫网或银灰膜后定植,防病增产效果明显。还要及时防治蚜虫,具体防治方法参见蚜虫的防治。

【药剂防治】 在定植前后喷一次 20％病毒 A 可湿性粉剂 600 倍液,或 1.5％植病灵乳油 1 000~1 500 倍液;也可喷施 5％菌毒清 300 倍液,或 40％氨基寡糖素水剂 500 倍液。

(三)细菌病害防治方法

【农业防治】

1. 选用抗病品种 青帮比白帮抗病,直筒型比包心型抗病。

2. 加强栽培管理 施足腐熟的基肥;深沟窄畦,排水良好。

3. 及时防虫 软腐病菌随农肥、雨水和昆虫传播,因此出苗后应及时防虫。主要防治黄曲跳甲、菜青虫、小菜蛾、地蛆等。选用药剂有:5％抗蚜威 1 000 倍液,或 B.t 乳剂＋0.2％溴氰菊酯 800 倍液喷雾。药剂要交替使用,避免产生抗药性。

【药剂防治】 72％农用链霉素可溶性粉剂 4 000 倍液,或新植霉素 4 000 倍液,或 50％溴异氰脲酸盐 1 000~1 500 倍液喷雾。

思 考 题：

1. 十字花科蔬菜常见病害有哪些？
2. 如何防治十字花科蔬菜上的真菌病和细菌病？

第六章 豆类蔬菜病害及防治

一、真菌性病害

(一)菜豆炭疽病

【症　状】 该病从幼苗至成株期均可发生。幼苗染病子叶上出现褐色的圆形病斑,凹陷成溃疡状。叶片上的病斑多发生在叶脉上,并沿叶脉扩展为多角形条斑,由红褐色变为黑褐色。叶柄受害后,叶片萎蔫。豆荚染病,形成圆形病斑边缘隆起中心凹陷,边缘有深红色晕圈,并能侵染种子。

【发病规律】 病害是由半知菌亚门豆刺盘孢菌侵染引起的。病斑上出现的黑褐色斑点是病菌的分生孢子盘、分生孢子和黑褐色刚毛。病菌以休眠菌丝潜伏在种皮下越冬,成为翌年的初侵染源,休眠菌丝可存活2年。菜豆播种后,病菌可直接危害子叶和幼茎,受害部长出分生孢子可进行再侵染,分生孢子借气流、灌溉水和昆虫等传播危害。

发病的适宜温度在20℃左右,最适宜的湿度在95%以上。温度超过27℃、湿度低于92%时,病害很少发生。在低温、多雨、结露的气候条件下发病较重,在大棚、温室通风不良、种植过密的条件下发病严重。

(二)菜豆锈病

【症　状】 锈病一般在生长后期发生,主要危害叶片。发病初期出现褪绿的小黄斑,后中央突起,出现黄色的夏孢子堆,表皮破裂后散出红褐色的夏孢子。豆荚染病形成疱斑,后期产生褐色的冬孢子堆和冬孢子。

【发病规律】 病原菌属担子菌亚门菜豆担孢锈菌,夏孢子卵圆形,橘黄色;冬孢子褐色。病菌以冬孢子随病残体在土壤中越冬,成为翌年的初侵染源。冬孢子萌发时产生菌丝和小孢子,小孢子侵入寄主,病斑上产生的夏孢子萌发产生芽管,从气孔侵入形成夏孢子堆,夏孢子借气流传播,不断侵染危害。菜豆进入开花期,气温在20℃左右、高湿和结露时间长,病害易流行;高温高湿、通风不良的大棚或温室易发病。

(三)菜豆灰霉病

【症　状】 苗期和成株期均可侵染。茎、叶、花和豆荚受侵时病部出现淡黄色病斑,湿度大时病斑上长出灰霉,有时病菌从茎蔓的分支处侵入,形成水浸状凹陷的病斑,然后萎蔫。苗期子叶受害后变软下垂;叶片受害后形成较大的轮纹斑;后期破裂;荚果受害后从落败的花开始发病,然后扩展至荚果,病斑淡褐色,软腐,表面长出灰霉,此为病菌的分生孢子梗和分生孢子。

【发病规律】 灰霉病是由半知菌亚门灰葡萄孢真菌侵染引起的,以菌丝、菌核和分生孢子在病残体上越冬或越夏,越冬的病菌以菌丝在病残体上营腐生生活,不断长出分生孢子进行再侵染。不利的条件下,病菌可产生大量抗逆力强的菌核,能在田间长时间存活,遇到合适的条件即可长出菌丝和分生孢子,借雨水、气流和工具传播,分生孢子可直接侵入叶片及幼嫩组织。菌丝生长在4℃～32℃范围,最适温度是13℃～21℃,高于21℃病菌生长随温度升高而减少,该菌产孢需要较高湿度;病菌孢子萌发温度5℃～30℃,空气相对湿度在95%以上。因此,通常把灰霉病称为低温高湿的病害。

(四)菜豆菌核病

【症　状】　近地面基部或第一分支处开始受害,初为水浸状,后变为灰白色,表皮开裂呈纤维状,可使全株萎蔫死亡,后期基部组织中可见鼠粪状菌核,有时茎表面也可见黑色菌核。

【发病规律】　菌核病是由子囊菌亚门的核盘菌引起,寄主除菜豆外,还有黄瓜、番茄等蔬菜。病菌以菌核在病残体、粪肥或附着在种子表皮越冬,在适宜条件下萌发并产生子囊盘,子囊成熟后射出的子囊孢子随气流传播。病害在冷凉、潮湿的条件下适宜发病,发病适温5℃~20℃。病菌必须先在开败的花上取得营养后,才能侵染健康组织。

(五)菜豆枯萎病

【症　状】　菜豆受害后,嫩叶萎蔫,变为褐色,病叶的叶脉呈褐色,或临近叶脉组织变黄,全叶逐渐枯黄、脱落。病株根系不能正常发育,侧根减少,很容易拔起。发病中后期,剖开茎秆可见维管束变成褐色,由于病情不同,颜色呈黄色至黑褐色。结荚显著减少,豆荚背部及腹缝合线也逐渐变为黄褐色。进入花期后,病叶大量枯死。

【发病规律】　病害是由半知菌亚门镰孢属真菌侵染引起的。病菌以菌丝、厚垣孢子和菌核在病残株、土壤和肥料中越冬,翌年侵染发病。病菌离开寄主可存活3年以上。病菌还可以附着在种子上越冬,并成为远距离传播的主要途径。病菌通过根部伤口或根毛顶端细胞侵入,在寄主导管内发育,并随水分迅速传到植株的顶端。病菌的繁殖可堵塞导管,引起植株萎蔫。病害靠孢子随灌水进行短距离传播。病害的发生与温度、湿度的关系较为密切。发病的最适温度为24℃~28℃,空气相对湿度80%。棚室内管理粗放、重茬连作的地块发病重。

二、病毒病害

(一)菜豆花叶病

【症　状】 菜豆苗期感染病毒,可出现明脉,叶片呈淡绿色斑驳或凸凹不平、叶皱缩;有的品种植株矮小,叶片扭曲畸形,开花推迟或落花;豆荚略短并出现绿色斑点。

【发病规律】 菜豆花叶病由多种毒源侵染而引起,主要有菜豆普通花叶病毒、菜豆黄花叶病毒、黄瓜花叶病毒菜豆系以及烟草花叶病毒等。由菜豆普通花叶病毒引起的花叶病主要靠种子传毒,也可以通过蚜虫传毒;菜豆黄花叶病毒和黄瓜花叶病毒菜豆系的初侵染源主要来自越冬寄主,露地菜豆也可通过蚜虫传播。菜豆花叶病受环境条件影响较大,尤其受气温影响,当气温在26℃以上高温时,表现重型花叶,叶片卷曲,植株矮小,气温低于18℃时,只出现轻微花叶或不显症状;20℃～25℃利于显症,光照时间长或强度大时,症状尤为明显;土壤缺肥,植株生长期干旱时发病较重。

(二)豇豆病毒病

【症　状】 该病在各地均有分布,是豇豆的重要病害之一。秋豇豆受害较重,近年来病情有进一步发展的趋势。该病除危害豇豆外,菜豆、扁豆、豌豆、大豆、烟草、三叶草、紫苜蓿等作物也可发病。发病初期,嫩叶上常出现花叶、明脉、褪绿和畸形等现象,新生叶片的浓绿部分稍突起,成为疣状。有些病株产生褐色凹陷条斑,叶肉或叶脉坏死。发病严重时,病株矮化,花器变形,结荚减少,豆粒产生黄绿花斑。有些病株生长点枯死,或个别叶鞘坏死。

【发病规律】 豇豆病毒病有多种毒源,重要的有豇豆花叶病毒、豇豆坏死花叶病毒、豇豆蔓顶坏死病毒及豇豆斑驳坏死病毒等,田间发病多是两种以上病毒复合侵染。病毒在保护地栽培的豆科蔬菜上越冬,田间越冬的宿根寄主植物上,以及土壤中的病株残体里越冬,成为翌年的初侵病原。

以蚜虫(瓜蚜、豆蚜、桃蚜)、叶蝉等媒介昆虫为主,也可以种子带毒远距离传播,如豇豆花叶病毒种子带毒率高达17%左右。

田间汁液接触是重要的侵染方式,还具有传毒作用。因此,夏秋季节干旱、苗期缺水、蚜虫数量大以及多年重茬连作,都是病毒病发生的重要条件。

三、细菌性病害

菜豆细菌性疫病

【症　状】　菜豆细菌性疫病又叫火烧病、叶烧病,以夏播菜豆发病最为普遍且严重,该病菌除危害菜豆外,还可危害豇豆、扁豆、绿豆和小豆。主要危害叶片、茎蔓和豆荚。叶片受害,先从叶尖或叶缘处开始发病,形成暗绿色油浸状小斑点,逐渐扩大成不规则形的深褐色病斑,周围有黄色晕圈,病斑扩大相互融合连片,融合的病斑引起叶片干枯,如火烧状。病处脆硬易干裂。潮湿条件下,病处可溢出淡黄色菌脓。嫩叶染病扭曲变形,容易脱落。茎蔓染病,开始形成油浸状病斑,后发展成圆形病斑,中间凹陷,病斑绕茎一周后,上部茎叶萎蔫后枯死。豆荚染病荚上生出褐色圆形病斑,中央凹陷,严重受害的豆荚皱缩,种子染病可产生黑色或黄色凹陷病斑。

【发病规律】　病害是由黄单胞杆菌侵染引起的。病菌主要在种子内越冬,也可在棚室内越冬。种子内的病菌可存活2～3年。病残体在土壤中腐烂后,病菌随即死亡。带病种子萌发后,病菌危害子叶和生长点,产生的菌脓借气流、灌溉水和昆虫传播,病菌从水孔、气孔及伤口等处侵入。子叶发病后有时不产生菌脓,而在寄主的输导组织内扩展,以后迅速蔓延到植株各部。

四、主要防治措施

(一)真菌性病害防治方法

【农业防治】 选用抗病品种,彻底清除前茬枯枝落叶等残体,加强栽培管理。采用高垄栽培,施用腐熟农家肥,增施磷钾肥;雨后及时中耕,增加土壤透气性。

【农业防治】 防治炭疽病、锈病用10%苯醚甲环唑水分散粒剂1 500倍液,或25%嘧菌酯悬浮剂1 500倍液,或80%代森锰锌可湿性粉剂500倍液,或40%氟硅唑乳油8 000倍液,或75%百菌清可湿性粉剂600倍液喷雾。

防治菜豆灰霉病、菌核病可用50%乙霉·多菌灵可湿性粉剂800~1 000倍液,或40%嘧霉胺悬浮剂1 200~1 500倍液,或50%乙烯菌核利水分散粒剂800~1 000倍液。

防治枯萎病参见黄瓜枯萎病的防治方法。

(二)病毒病害防治方法

参见茄果类蔬菜病毒病害防治方法。

(三)细菌病害防治方法

参见茄果类蔬菜细菌病害防治方法。

思 考 题:

1. 如何防治菜豆炭疽病?

第六章　豆类蔬菜病害及防治

2. 如何防治菜豆锈病？
3. 如何防治菜豆菌核病？

第七章 葱蒜类蔬菜病害及防治

一、真菌性病害

(一)韭菜灰霉病

【症　状】 韭菜灰霉病主要危害叶片。常见的有两种类型:一种是初期在叶正面或背面,从叶尖开始自上而下产生白色至浅褐色的小斑点,斑点扩大后呈椭圆形或梭形,潮湿时,病斑表面着生灰白色的稀疏霉层。后期病斑相互融合,可形成大片枯死斑,导致部分叶片或全叶枯焦,潮湿时,枯叶表面密生灰色至灰褐色绒毛状霉层。另一种是病叶不产生白色斑点,而是近地面叶片呈深绿色水浸状病斑,病斑多呈半圆形至"V"形,表面密生灰色霉层,严重时腐烂。此外,有时由割茬处向下腐烂,病叶呈黄褐色,表面着生灰绿色、绒毛状霉层。

【发病规律】 病原为半知菌亚门灰葡萄孢菌侵染引起。以菌核在土壤和病残株上越夏或越冬,条件适宜时萌发,长出分生孢子梗及孢子,并随风传播蔓延。菌丝在4℃~32℃温度范围内均可生长,适温为15℃~21℃。空气相对湿度在95%以上并有水滴时有利于发病,低于60%时发病轻或不发病。温暖、湿润条件下,韭菜生长速度快,叶片细弱,抗病性差,发病早且重。品种间抗病性也存在差异,汉中冬韭易感病,黄苗韭菜较抗病。韭菜在保护地栽培的条件下,多自12月初开始发病,随着韭菜的生长,病情逐渐加重,严重时可造成整棚韭菜感病,迫使提前收割,致使韭菜产量和品质下降。

第七章 葱蒜类蔬菜病害及防治

(二)疫 病

【症 状】 韭菜疫病是韭菜苗期和养茬期的主要病害,是韭菜生产上的重要病害。该病除危害韭菜外,还可危害葱、蒜等作物。危害韭菜主要危害假茎和鳞茎,叶片、花蔓、根也可受害。病部初生暗绿色、水渍状斑,多由下部开始,逐渐向上扩展,致使韭菜萎蔫、下垂、软腐。当病斑发展至叶片的一半时,叶片呈湿腐状,叶、薹下垂。鳞茎受害,根盘处呈水渍状腐烂,病部呈浅褐色至暗绿色。根部受害后呈褐色腐烂,根毛少,根的寿命缩短。湿度大时,病部长出白色稀疏霉层。

【发病规律】 病原菌属鞭毛菌亚门疫霉属真菌。病菌以菌丝体和厚垣孢子随病残株在土壤中越冬。田间发病最适温度为25℃~32℃,湿度大时发病重。雨季早,雨季长,雨量大的年份发病重。大雨或暴雨后,往往出现发病高峰。排水不良、地势低洼的田块发病重,保护地内通风不良、高温、高湿条件也会促使此病发生。

(三)菌核病

【症 状】 主要危害韭菜的叶鞘、叶片和假茎。而大葱、洋葱被害部位主要危害叶片和花梗。被害部均呈褐色或灰褐色湿腐状,后腐烂干枯,田间可见成片枯死株,被害部可见棉絮状菌丝缠绕和由菌丝纠结而成的菜籽状小菌核。

【发病规律】 温暖多湿的天气有利发病,地势低洼积水、偏施、过施氮肥,种植过密通风不良等均会加重发病。

(四)霜霉病

【症 状】 霜霉病是大葱、洋葱的常见病害。主要危害叶片及花梗,洋葱被害部呈灰绿色,而大葱被害叶呈黄白色卵圆形病斑,边缘不明显。潮湿时患部表面遍生白色绒霉,后呈暗紫色霉层。

【发病规律】 病原菌是鞭毛菌亚门的葱霜霉菌侵染引起的,以卵孢子在植株、种子或土壤里越冬。翌年春天萌发,从植株的气孔侵入,形成病斑,湿度大时,病斑上产生孢子囊,借风、雨、昆虫等传播,进行再侵染。日暖夜凉、多雨或多浓雾露,有利病害的发生。连作地、地势低洼的积水田块发病严重。

(五)紫斑病

【症 状】 主要危害细香葱、大葱、大蒜、洋葱、韭菜等。紫斑病是大葱、大蒜的主要病害,主要危害叶和花梗。病斑初呈水渍状灰白色,稍凹陷,后扩大成椭圆形或梭形,呈紫褐色,湿度大时,病部产生呈同心轮纹状排列的黑色霉层。发病重时引起叶、梗枯死或折倒。

【发病规律】 由半知菌亚门的香葱链格孢真菌侵染引起的,以菌丝体在植株体内或随病残体在土壤里越冬。翌年产生分生孢子,借气流或雨水传播。经气孔、伤口或直接穿透表皮侵入。病菌侵入需要水滴存在,因此多雨季节发病重。温暖多湿的条件病害发生重。沙质土、旱地及蓟马为害重的田块发病同样严重。

二、细菌性病害

软腐病

葱蒜类细菌性软腐病在大蒜、大葱、洋葱上比较常见。大蒜感病后,一般先从脚叶的叶缘或中脉发病,形成黄白色条斑,可贯穿整个叶片,湿度大时,病部呈黄褐色软腐状,后逐渐向上部叶片扩展,最终导致全株枯黄。

三、病毒病害

葱蒜类病毒病以大蒜为多见。大蒜发病后,出现黄绿相间的长条斑,病株矮缩,叶片皱缩扭曲,鳞茎变小、僵硬,分蘖减少,影响产量和品质。病毒病主要由蚜虫传播。一般高温干旱、管理粗放、蚜虫发生量大,或植株偏施氮肥、缺肥、植株生长不良等均发病重。

四、主要防治措施

(一)真菌病害防治方法

1. 防治韭菜灰霉病、菌核病

(1)选址 选用2年内没有种过韭菜的地块育苗,并重施腐熟有机肥,不偏施氮肥,培育健壮根株,提高根株自身的抗病能力。

(2)加强棚室管理 保持棚内清洁,及时清除残株病叶,集中烧掉或深埋,以免病菌扩散,重复侵染;通风降湿,使棚内相对湿度不超过65%;收割后及时中耕松土,控制浇水,降低棚内湿度。

(3)正确进行药剂防治,重点防治新叶及周围土壤的病菌 用药可选择以下杀菌剂:50%速克灵可湿性粉剂1000~1500倍液,或25%嘧菌酯悬浮剂1500倍液,或百菌清600倍液,或50%多霉清(多菌灵+乙霉威)可湿性粉剂800~1000倍液,或50%乙烯菌核利悬浮剂800~1000倍液,或50%异菌脲悬浮剂1000~1500倍液等喷雾,或10%多抗霉素可湿性粉剂1000~1500倍液。一般7~10天喷1次,连喷2~3次可以控制病害蔓延。

2. 防治韭菜疫病、大葱霜霉病

(1)农业防治 避免与葱、洋葱、茄子、番茄等作物连作;深沟高畦种植;合理排灌;施足基肥,实行配方施肥;注意田间卫生。

(2)药剂防治　发病初期,可用90%乙磷铝800倍液+高锰酸钾1000倍液,或58%瑞毒霉锰锌可湿粉500倍液,或25%瑞毒霉可湿性粉剂800倍液,或64%杀毒矾可湿粉600倍液,或65.5%霜霉威盐酸盐水剂800倍液,或72%霜脲·锰锌可湿性粉剂600倍液,或69%烯酰·锰锌+75%百菌清(1∶1)1000倍液,间隔7~10天施1次,根据病情喷2~3次即可。

发病初期也可灌药防治。主要用25%瑞毒霉600倍液灌根,隔7~10天用药1次,连续防治2~3次。地上部发病期,也可用上述药剂喷施。移栽韭菜,可用上述药液蘸根后定植。

(二)细菌病害防治方法

参照茄果类蔬菜细菌病害防治方法。

(三)病毒病害防治方法

参照茄果类蔬菜病毒病害防治方法。

思考题

1. 葱蒜类蔬菜上的常见病害有哪几种?
2. 如何预防葱蒜类蔬菜的真菌病?

第八章 其他蔬菜病害及防治

一、真菌性病害

(一)芹菜斑枯病

【症 状】 又称叶枯病。该病主要危害叶片,也可危害叶柄和茎。叶片上初生淡褐色的油浸状小斑,后扩大为圆形,边缘明显,呈红褐色至黄褐色,中间黄白色或灰白色,上生很多小黑粒,病斑四周有黄色晕环。

【发病规律】 芹菜斑枯病由半知菌亚门的芹菜小壳针孢和大壳针孢真菌侵染引起。病菌主要借风、雨、水滴传播,低温、高湿条件有利于病害的发生和流行,发病适宜温度为20℃~25℃,空气湿度为95%以上。一般在低温寡照、气温波动频繁或日间燥热、夜间结露,植株生长势弱时,能促使病害迅速扩大蔓延。潮湿多雨的天气,发病严重。

(二)芹菜叶斑病

【症 状】 又称早疫病、斑点病。苗期到成株期均可发生,主要危害叶片,叶柄和茎也可受害。叶柄及茎上初期为水浸状斑点,后变为灰褐色,发展为圆形或不规则形灰褐色病斑,病斑稍凹陷,不受叶脉限制,严重时病斑扩大汇合成斑块,最终致使整个叶片变黄枯死。

【发病规律】 芹菜叶斑病由半知菌亚门芹菜尾孢真菌侵染引起。病菌以菌丝体在种子或病残体上越冬,温度适宜时产生分生孢子,通过风、雨水及农事操作传播。此病发生适宜温度为25℃~

30℃,高温、高湿、多雨条件发病重;低洼地易发病,高温、干旱且夜间结露的情况下也易发病;此外,缺肥、灌水过多或较弱的植株发病严重。

(三)芹菜菌核病

【症　状】　芹菜全生育期均可发病,危害芹菜叶柄和叶。受害部初期呈褐色水渍状,后变软腐烂,病部生有白色菌丝,后期形成黑色鼠粪状菌核。

【发病规律】　低温、高湿、多雨、种植过密易于发病。

(四)胡萝卜黑斑病

【症　状】　黑斑病是胡萝卜生产上的主要病害,可危害根茎和叶片;叶片染病从叶尖或叶边缘开始,出现不规则形深褐色至黑色病斑,周围略有褪色,病斑发展多个病斑汇合,叶缘上卷,叶片提早枯死;湿度大时病斑上可长出黑色霉层。根茎染病出现长圆形稍凹陷病斑,贮运时,经常造成腐烂。

【发病规律】　黑斑病是由真菌侵染引起的病害,以菌丝或分生孢子在种子或病残体上越冬,成为翌年的初侵染来源;受侵染的叶片病斑上可产生大量分生孢子,通过气流传播蔓延并进行多次再侵染,如果遇到雨季有利于发病时,可造成大量叶片早枯而死,严重影响胡萝卜的产量和品质。

二、细菌性病害

(一)芹菜软腐病

【症　状】　该病多发生在芹菜移栽缓苗期或缓苗后的生长初期。一般先从柔嫩多汁的叶柄基部开始发病。发病初期,病斑淡褐色,水渍状,呈纺锤形或不规则形,稍凹陷。病斑扩展后,内部组织呈黑褐色腐烂,有恶臭,最后仅残留表皮。

【发病规律】 软腐病由病原细菌侵染引起。病原菌在土壤中越冬,借雨水或灌溉水传播,从芹菜伤口侵入,该病在芹菜生长后期,湿度大时或阴雨天生长势弱发生严重,又是与冻害或其他病害混合发生。

(二)胡萝卜软腐病

【症　状】 主要危害地下肉质根,在田间和贮藏期均可发生。在田间初发病时,地上部茎叶变黄萎蔫;根部感染呈湿腐状,病斑形状不定,没有明显边缘,病斑扩大后肉质根组织软化,最后腐烂汁液外溢,有臭味。

【发病规律】 软腐病由细菌侵染而引起,病原菌在病根组织内或土壤中病残体上越冬,带菌的农家肥也是本病的初侵染源。病菌借地下害虫及灌溉水和雨水传播。高温闷热的天气易诱发软腐病。

(三)姜腐烂病

【症　状】 又叫姜瘟。主要危害根茎,一般在靠近地面的茎基部和地下根茎的上半部先发病。根茎上的病斑初为水浸状,黄褐色;内部组织逐渐软化腐烂,最后仅留表皮,内部充满灰白色恶臭味的汁液,已没有任何商品价值;腐烂组织迅速向四周扩散,几天后全田姜株普遍发病,病姜的茎部初呈暗紫色,后变黄褐色,病茎组织变褐腐烂,叶片凋萎卷缩,叶色由黄变褐,最后全株枯死。

【发病规律】 姜腐烂病是由细菌侵染引起的,病菌在根茎内和土壤里越冬,带菌的种姜是田间发病的主要来源。病菌在土壤中可存活 2 年以上,当种姜下种后,受病菌侵染而发病。病菌主要借灌溉水及地下害虫传播,未腐熟的带菌农家肥也能传病。土壤高温高湿,高温闷热,多阵雨的气候条件病害蔓延迅速;土壤缺肥,排水不良的地块发病严重。

三、生理性病害

(一)芹菜烧心

【症　状】　生育前期较少出现,一般主要发生在 11～12 片叶时,初期心叶叶脉间变褐,叶缘细胞逐渐坏死,呈黑褐色。发病原因主要是由缺钙引起的。夏季栽培的芹菜易发生烧心。

【病　因】　在高温、干旱、施肥过多的条件下容易发生。高温能加快生育速度,促进植物对氮、钾、镁等元素的过量吸收,从而影响对钙的吸收;在干旱条件下,由于根系对钙元素的吸收能力减弱,易引起植株缺钙,酸性土壤发病严重。

(二)芹菜空心

【症　状】　空心是一种生理老化现象,发生的部位是叶柄,是叶柄髓部位和输导组织细胞的老化,细胞液胶质化而失去活力,与细胞膜产生空隙。多从叶柄基部向上延伸,在同一植株上外叶先于内叶,由叶基到第一节间发生较早。叶柄空心部位呈白色絮状,木栓化组织增生。

【病　因】　空心在沙性大的土壤中发生较多,进度也快;肥力不足或后期脱肥时也有发生;产品过熟、久藏失水、过量喷施赤霉素等情况易产生空心;另外,土壤干旱或温度过高、过低,芹菜受冻也易发病。

(三)芹菜叶柄开裂

【症　状】　表现为芹菜茎基部连同叶柄同时开裂,不仅影响商品品质,而且病菌极易侵染,致使芹菜发病霉烂。

【病　因】　一是缺硼引起的,二是在低温、干旱条件下,生长受阻所致。此外,突发性高温、多湿,植株吸水过多,造成组织快速充水,容易开裂。

四、主要防治措施

(一)真菌性病害防治方法

1. 选用无病种子　种子繁育要选择地上部分不带病的母株栽植,不与芹菜连作或邻作,搞好田间管理,使田间无杂草、无污物,采收无病种子。根据病菌在种子内只能存活1年左右的特点,可选择2年以上的陈种进行播种。

2. 浸种　用50℃的温水浸种30分钟,浸种过程中不断搅动使温度分布均匀,然后晾干播种。

3. 加强栽培管理　施用的农家肥要经高温处理,使其充分腐熟,增施磷钾肥,增强植株抗性。灌水宜小水勤浇,忌大水漫灌,同时抓好通风排湿和夜间保温管理。注意及时清除病株残体,减少菌源。

4. 及时喷药保护　当芹菜苗长至3厘米左右时即可开始喷药保护。每隔7～10天喷1次,连喷2～3次即可。此外,当病害发生时必须抢在始发期喷药封锁。常用药剂有:70%代森锰锌可湿性粉剂或58%瑞毒锰锌可湿性粉剂500倍液,或75%百菌清可湿性粉剂600倍液,或70%甲基硫菌灵可湿性粉剂或50%多菌灵可湿性粉剂800倍液,或10%苯醚甲环唑1 500～2 000倍液。

(二)细菌性病害防治方法

参照茄果类蔬菜细菌病害防治方法。

(三)生理病害防治方法

1. 防治"烧心" 首先要从管理入手,避免高温干旱,进行适温适湿管理;对酸性土壤可施用消石灰调节到中性或接近中性;施氮、钾、镁等肥料要适量。发病初期可用0.5%氟化钙或0.3%~0.5%硝酸钙溶液向叶面喷雾。

2. 防治"空心" 应避免在沙性过大的土壤上栽培;除施足基肥外,在生长发育过程中要及时追肥,如发现叶片颜色转浓出现脱肥现象时,可用0.1%尿素液肥等进行根外追肥。用赤霉素处理时,应及时喷施氮肥。

3. 防治"叶柄开裂" 一是施足充分腐熟有机肥,每667平方米加硼砂1千克,与有机肥充分混匀;二是叶面喷施0.1%~0.3%硼砂水溶液。管理中注意均匀浇水。预防措施首先要进行正常的适温、适湿管理,特别是在温室内生产芹菜时,要加强保温措施;深耕土壤,多施有机肥,促进根系正常生长发育,增强其抗旱及抗低温能力。

思考题:

1. 如何防治芹菜斑枯病和叶枯病?
2. 如何预防芹菜常见生理性病害?

第九章 蔬菜根结线虫及防治

根结线虫是一种在植物根系危害,刺激并诱发植物根系畸变形成"肿瘤状",造成植物根系畸变形成"鸡爪状"突起。从危害程度来看,最为重要的是根结线虫,特别是在北方保护地如大棚、温室中种植的蔬菜,几乎所有蔬菜均可受到根结线虫的危害。

一、症 状

根结线虫主要危害蔬菜根部,除茄果类外,还危害瓜类、豆类、芹菜等蔬菜。发病初期地上部不易见到症状,根受害后发育不良,侧根多,根端形成球形大小不等的瘤状物,有时串生,初为白色,后变为暗褐色,形似鸡爪状。发病后期,地上部发育不良,叶色黄,结果小而少,由于根部功能的丧失,所以干旱时萎蔫枯死,有时常误认为枯萎病。

二、发病规律

根结线虫病是由线虫侵染引起的,危害根部引起根肿的线虫有许多种。根据采集的根结线虫中多以二龄幼虫在土中越冬;或雌成虫当年产的卵不孵化,留在卵囊中,随同病根在土中越冬,翌年幼虫侵染植株根部引起发病。根结线虫病的线虫是好气性的,地势高燥,结构疏松,含盐量低的中性沙质土壤,适合根结线虫活动。此外,线虫多分布在表层下20厘米土壤中,以3~9厘米土层内最多,空气充足,有利线虫生长,根结线虫一旦传入,很难根除,所以在北方保护地里根结线虫发病普遍而严重,是北方保护地蔬菜种植中的突出问题。

根结线虫病主要由南方根结线虫侵染引起。根结线虫以卵在卵囊中越冬,遇适宜条件,孵化出幼虫,侵入根内,在幼根内生活,刺激幼根膨大成瘤状。线虫靠病土、病苗、灌溉水等传播,线虫适宜发育温度为25℃～30℃,10℃幼虫停止活动,55℃10分钟死亡,在无寄主条件下,可存活1年。

三、主要防治方法

(一)农业防治

深翻30厘米,将虫卵翻入深层;实行与葱、蒜、辣椒等作物轮作;实行无土或无病土育苗。

(二)嫁　接

利用野生茄子做砧木嫁接茄子、番茄防治根结线虫及土传病害(枯萎病、黄萎病、青枯病等),在东北地区和山东省寿光市蔬菜基地推广的新技术,嫁接后的番茄生长旺盛,产量提高20%左右,防治根结线虫达90%以上。用作砧木的野生茄子有托鲁巴姆、CRP、托托斯加等,嫁接利用劈接法成活率高达95%以上。

茄子嫁接时多用劈接法:砧木长到5～6片真叶,接穗长到4～5片真叶,半木质化,茎直径3～5毫米开始嫁接。嫁接的刀片要洗干净,最好用酒精消毒。先在砧木高1寸处平切,去掉上部,保留2片真叶,然后在砧木茎中间垂直切入1厘米深,再将接穗茄子苗拔下,在半木质化处即茄子苗茎紫黑色与绿色明显相间处去掉下端,保留2～3片真叶,削成楔形,楔形大小与砧木切口相当(直径约1厘米),随即将接穗插入砧木切口中,对齐后用特制的嫁接夹子固定好。嫁接后5～7天是接口的愈合期,这段时间要求创造

第九章　蔬菜根结线虫及防治

有利的温度和湿度及光照等条件,促进接口快速愈合。

1. 温度　白天为24℃～25℃,夜间18℃～22℃,高于或低于这个温度都不利于接口。

2. 湿度　空气湿度要保持在95%以上。为保持湿度要求用塑料密闭3～4天不通风,密封期后应选择温度及空气湿度较高天气的清晨或傍晚通风,每天通风1～2次,以后逐渐揭开塑料,但仍要保持较高的空气湿度。

3. 光照　嫁接后需短时间避光,实际上是防止高温和保持环境内湿度稳定,避免阳光直接照射秧苗,以便引起接穗萎蔫,嫁接后3～4天要全面遮光。

(三)物理防治

夏季土地休闲时高温闷棚,地面铺上轧碎3厘米左右的麦秸并翻耕,灌水,盖上塑料薄膜,闷棚15～20天,可杀灭根结线虫及其他土传病菌。

(四)生物防治

线虫必克（厚孢轮枝菌）,厚孢轮枝菌是一种真菌,经人工培养产生大量分生孢子和菌丝体,有效寄生线虫的雌虫和卵,使线虫死亡。在幼苗移栽时穴施,每667平方米用1 500～2 000克。

(五)药剂防治

1. 噻唑磷　全面土壤混合施药,也可畦面施药及开沟施药。在作物定植前(定植当天),10%颗粒剂按1～2千克/667平方米的用量,将药剂均匀撒于土壤表面,再用旋耕机或手工工具将药剂和土壤充分混合,药剂和土壤混合深度需20厘米。

2. 阿维菌素

每平方米用1.8%阿维菌素1毫升对水2～3升,均匀喷淋在地面后混入土层或制成毒土沟施；然后播种或移栽菜苗。

3. 石灰氮土壤消毒

使用方法：在定植前每667平方米用80～100千克石灰氮，麦秸1 000千克或粪肥3 000千克翻入耕作层，灌水后覆盖塑料薄膜，盖严并密闭大棚或温室15～20天。闷棚结束后，开棚通风，松土后栽培蔬菜。

4. 二硫氰基甲烷

（1）土壤消毒 每平方米用1.5% 菌线威0.3～0.5克，对水3 500～7 000倍液，或对过筛细土250～500倍，均匀喷洒或撒在土面上，用塑料薄膜覆盖48～72小时，然后播种。

（2）营养土消毒 每立方米用1.5% 菌线威0.5～1克，充分拌匀，用塑料薄膜覆盖48～72小时，然后播种。

（3）灌根 对水3 500～7 000倍液，在植物根基部喷淋。

思 考 题：

1. 蔬菜根结线虫的发生规律是什么？
2. 如何防治蔬菜根结线虫？

第十章 蔬菜常见害虫及防治

一、食果害虫

(一)棉铃虫和烟青虫

【为害特点】 棉铃虫和烟青虫属于鳞翅目夜蛾科实夜蛾属的近似种,在蔬菜上均蛀食果实为害,生活习性相似。两虫属世界性害虫,在我国各地均有分布。棉铃虫食性很杂,寄主植物近300种,为害的粮食作物如小麦、玉米、高粱等,经济作物如棉花、烟草等,蔬菜主要为害番茄、辣椒、茄子、豆类、甘蓝和南瓜等,其中以番茄和辣椒受害最重。棉铃虫主要在番茄上,而烟青虫主要在辣椒上,以幼虫蛀食花蕾、花、果、嫩芽、嫩叶,造成落花、落果、烂果,严重影响品质和产量。

【发生规律】 在北方棉铃虫一年发生3~4代,烟青虫一年发生2代,为害番茄和辣椒的是第一代和第二代,尤其以第二代为害最重。棉铃虫和烟青虫在晚秋以老龄幼虫钻入寄主在土里化蛹越冬,翌年春天开始羽化,5月中下旬为越冬代成虫盛期,6月中下旬为第一代成虫发生盛期。成虫一般傍晚活动,多集中在开花植物上吸食花蜜,白天潜伏在植株叶背或花冠处。成虫对黑光灯有较强的趋性,对新枯萎的杨树枝扎起的束把有趋集性,对草酸和蚁酸有强烈的趋化性,可以利用这些习性进行黑光灯和杨树枝把诱杀棉铃虫的成虫,在植株上喷洒0.1%草酸可以诱集棉铃虫的虫卵。

(二)豆野螟

【为害特点】 豆野螟也叫豇豆荚螟,属鳞翅目螟蛾科,种植豆类蔬菜如豇豆、菜豆、扁豆的地方均有发生,豆野螟以幼虫蛀食豆荚、种子、花蕾以及嫩茎。幼虫蛀食蕾、花、荚和嫩茎,造成大量落花、落蕾、落荚和枯梢;幼虫为害豆叶,常造成卷叶;为害或蛀入荚内取食幼嫩的种粒,受害豆荚味苦,不堪食用;幼虫蛀食后,荚内及蛀孔外堆积粪粒,影响质量。

【发生规律】 豆野螟在深秋以老熟幼虫钻入土表化蛹越冬,翌年5月羽化,成虫白天躲在豆株下不活动,夜间活动,有趋光性,雌虫产卵多在花瓣和花蕾上,也可产在嫩荚、嫩茎和叶上。初孵化的幼虫很快钻蛀花为害,并有转移为害的习性,一头幼虫可钻蛀花蕾20多个。幼虫三龄以后钻入豆荚取食豆粒,并不断转移为害。

(三)食果害虫防治方法

1. 农业防治 冬季深耕灭蛹;生长期结合整枝打杈清除虫卵。

2. 诱杀成虫 设置黑光灯诱杀成虫;杨树枝条诱杀法:剪取0.5米长带叶子的杨树枝,每10枝为一把,绑在木棍上,插在略高于蔬菜顶部的地里,每667平方米10~20把,清晨用塑料袋套枝,捕杀成虫。

3. 生物防治 在产卵高峰2~4天,可喷B.t乳剂500倍液2次,对三龄前幼虫有较好的防治效果;48%多杀菌素悬浮剂2 500~3 000倍液喷洒。

4. 药剂防治 在产卵高峰3~4天用2.5%天王星乳油4 000倍液喷雾,或2.5%功夫乳油4 000倍液,或25%噻虫嗪水分散粒剂2 500~5 000倍液喷施,或10%虫螨腈悬浮剂1 000~1 500倍液,或1.8%阿维菌素乳油2 500~3 000倍液,或52.5%氯氰·毒死蜱乳油1 000~1 500倍液喷施。

第十章 蔬菜常见害虫及防治

二、食茎叶害虫

(一)菜青虫

【为害特点】 菜青虫是菜粉蝶的幼虫,属鳞翅目粉蝶科。菜粉蝶在我国分布很广,菜粉蝶以幼虫为害,三龄幼虫以前只啃食叶肉,被啃食的叶片出现透明的表皮,三龄以后食量大增,可将叶片咬穿或在叶缘吃成缺口,甚至将叶片吃光,只剩下叶脉和叶柄。苗期受害可造成整株枯死;若在包心时钻入菜心,可在菜心内取食并排粪,严重影响蔬菜的品质和产量。另外,菜青虫造成的伤口,成为软腐病发生的诱因。

【发生规律】 菜粉蝶在北方一年可发生3~5代,世代重叠现象严重。菜粉蝶以蛹在树枝、杂草、墙壁、砖石等处越冬。成虫在无风晴天里在菜田里吸食花蜜、交尾并产卵,成虫最喜欢在甘蓝上产卵。每头雌虫可产100~200粒,幼虫期共5龄,为15~20天。由于菜粉蝶越冬地点分散,环境条件差异较大,所以翌年春天越冬蛹的羽化时间参差不齐。

(二)小菜蛾

【为害特点】 小菜蛾又称菜蛾、小青虫、吊丝虫,在我国各地均有分布,属鳞翅目菜蛾科。主要为害十字花科蔬菜(如甘蓝、花椰菜、白菜、芥菜、油菜等),也能为害番茄、马铃薯、葱、姜等蔬菜。一龄幼虫钻进叶片表皮啃食叶肉,或在叶柄、叶脉内蛀食形成小隧道;二龄以后常在叶背面聚集取食叶肉,仅留叶面表皮成透明的天窗状,幼虫长大后食量增加则将叶片吃成穿孔或缺口。小菜蛾有集中为害菜心的习性,在刚开始结叶球的叶上面取食,严重时,甚至不能包心。该虫对留种地也有很大为害,除啃食嫩叶外,常钻入嫩荚为害。

【发生规律】 小菜蛾是一种抗逆力很强的蔬菜害虫,分布广,为害猖獗,抗药性强。小菜蛾在10℃～40℃的温度范围内都可发育繁殖,成虫甚至可在0℃条件下存活数月。北方小菜蛾一年可发生3～6代,以蛹在向阳处的残枝落叶或杂草间越冬,早春成虫羽化后很快就能交尾产卵,完成一个世代1个月左右,由于成虫产卵拉得很长(10天左右),所以世代重叠现象严重。

小菜蛾的成虫白天隐藏在植株的荫蔽处,黄昏后开始活动,能随风远距离迁移。成虫对寄主有选择性,对含芥子油的蔬菜(如芥菜、雪菜、甘蓝、花椰菜、大白菜等)有较强的趋性,对黑光灯和日光灯也有较强的趋性。各龄幼虫受到惊吓或触动,即能吐丝下垂,吊在空中,在平面上遇到惊动会迅速倒退。各龄幼虫在蜕皮前均能吐一层稀薄的丝,龄期越高,吐丝越多。老熟幼虫在有凹面的隐藏处做茧化蛹。

(三)蚜 虫

蚜虫别名腻虫、蜜虫等,属同翅目蚜科。为害蔬菜的蚜虫主要有甘蓝蚜、萝卜蚜和桃蚜。桃蚜寄主范围比较广,除为害十字花科蔬菜外,还为害茄科的番茄、辣椒、马铃薯、烟草等,在桃、李、杏树上也可以发生。甘蓝蚜和萝卜蚜主要为害十字花科蔬菜,在甘蓝、白菜、花椰菜上为害最重。瓜蚜别名棉蚜,主要为害黄瓜、西葫芦、南瓜、豆类、茄子、菠菜、葱、洋葱等蔬菜,还为害棉花、烟草、甜菜等农作物。

【为害特点】 蚜虫一般在春秋两季各有一个发生高峰。蚜虫常群集在叶背和嫩茎上以刺吸式口器吸食植物汁液,在吸食处形成褪色小斑点,造成植株缺水和营养不良,幼叶受害,卷曲皱缩,初期叶片发黄,严重时卷缩枯萎,造成白菜、甘蓝不能包心,减产严重,留种地植株受害,造成嫩茎、花梗、嫩荚扭曲畸形,影响结实。

第十章 蔬菜常见害虫及防治

蚜虫不限于吸食植株造成的直接的为害,更为严重的是蚜虫是多种病毒的传播者,因蚜虫传播病毒造成的损失远远大于蚜虫吸食植株汁液造成的损失。

【发生规律】 蚜虫以卵、成虫或若虫在寄主或木本植物枝条和野生杂草基部越冬,翌年春季孵化后产生有翅蚜迁往温室寄主为害,也可在北方保护地温室大棚里转主为害,而没有明显的越冬现象,可周年为害。蚜虫在春天5℃左右的低温条件下即可发育,最适发育温度为20℃~25℃,28℃以上受到抑制。因此,春末夏初是蚜虫发生的第一个高峰,而夏季高温蚜虫受到抑制,秋季再发生第二次高峰,所以北方蚜虫在春秋有两次发生高峰,蚜虫一年在北方蔬菜上可发生10代左右。

(四)白 粉 虱

【为害特点】 白粉虱的寄主范围很广,黄瓜、菜豆、茄子、番茄、辣椒、冬瓜、豆类、莴苣以及白菜、芹菜、大葱等都能受其为害,还能为害花卉、果树、药材、牧草、烟草等112个科600多种植物。大量的成虫和幼虫密集在叶片背面吸食植物汁液,叶被害处发生褪绿斑,使叶片萎蔫、褪绿、黄化甚至枯死;还分泌大量蜜露,引起煤污病的发生,覆盖、污染了叶片和果实,严重影响光合作用,同时白粉虱还可传播多种病毒,引起病毒的发生。

【发生规律】 在北方温室1年发生10余代,冬天室外不能越冬。成虫羽化后1~3天可交配产卵,每个雌虫可产卵100余粒,也可孤雌生殖。成虫有趋黄性和趋嫩性,在植株顶部嫩叶产卵。卵以卵柄从气孔插入叶片组织中,与寄主植物保持水分平衡,极不易脱落。若虫孵化后3天内在叶背做短距离行走,当口器插入叶组织后开始营固着生活,失去了爬行的能力。白粉虱繁殖适温为18℃~21℃。春季随秧苗移植或温室通风移入露地。由于白粉虱发育速度快,世代多,天敌少,防治困难等原因,已成为北方保护地蔬菜虫害的突出问题。

(五)烟粉虱

【为害特点】 目前,烟粉虱已是美国、巴西、以色列、埃及、意大利、法国、泰国、印度等国家棉花、蔬菜和园林花卉等植物的主要害虫之一;寄主范围广,寄主有棉花、烟草等经济作物以及蔬菜里的十字花科、葫芦科、豆科、茄科等600多种植物;大量成、若虫刺吸植物汁液,受害叶褪绿萎蔫或枯死;并能传播70多种病毒,危害性远远超出白粉虱。

【发生规律】 烟粉虱自从上个世纪90年代随"一品红"在上海登陆,现在已经从南向北迅速蔓延,在北方一些地区烟粉虱已经取代白粉虱成为优势种群。在北方每年可发生10代左右,世代重叠严重,夏秋季节几乎每月可出现一次种群高峰;成虫产卵期2~18天,每雌产卵120粒左右。卵多产在植株中部嫩叶上。成虫喜欢无风温暖天气,有趋黄性,气温低于12℃停止发育,15℃开始产卵,气温在21℃~33℃范围内,随气温升高,产卵量增加;烟粉虱可忍耐40℃高温,这是烟粉虱在夏季依然猖獗的原因;暴雨能抑制其大发生,非灌溉区或浇水次数少的作物受害重。

(六)潜叶蝇类

【为害特点】 在我国为害蔬菜的潜叶蝇类种类较多,其中有豌豆潜叶蝇、菠菜潜叶蝇、美洲潜叶蝇、南美洲潜叶蝇等,对蔬菜的为害不断加重,美洲斑潜蝇和南美洲斑潜蝇均为世界性检疫性害虫,是一种杂食性害虫,寄主主要有葫芦科、豆科和茄科等多种蔬菜,以芹菜、菠菜、芸豆、荷兰豆等受害最重。4种潜叶蝇以幼虫蛀入叶片、叶柄组织潜食为害,造成叶片上大量蛀道,导致叶片光合作用降低,严重时叶片干枯死亡。另外,幼虫造成的隧道及蛀孔为病菌的侵入创造了条件,容易引发多种病害。

菠菜潜叶蝇属双翅目花蝇科,而豌豆潜叶蝇、美洲潜叶蝇和南美洲潜叶蝇均属于双翅目潜叶蝇科。

【发生规律】 美洲潜叶蝇在北方一年发生10代左右,主要在大棚和温室等保护地越冬,冬季虽然棚室内也有为害,但为害很轻,翌年4月开始为害,露地5月份开始为害,一直为害到10月中旬。在蔬菜保护地种植比较集中的地区,潜叶蝇为害就严重。

羽化的成虫24小时便可交尾产卵,雌虫具有孤雌生殖能力,即一头雌虫便可以在达新的地方繁殖为害,一个世代最短12天即可完成,老熟幼虫在隧道外化蛹,在叶片表面和土壤里均有蛹的存在。

(七)茶黄螨

【为害特点】 茶黄螨食性杂,为害的寄主有上百种,包括粮食作物、经济作物、观赏植物和野生植物,在蔬菜上主要为害茄子、甜椒、番茄、豆类、黄瓜、苦瓜等。茶黄螨多集中在植物幼嫩部位刺吸汁液,造成植株畸形、生长缓慢。植株受害后,叶片变小增厚,叶缘向背面卷曲,叶背黄褐色,有油质状光泽;受害嫩茎变黄褐色,扭曲畸形,严重时顶部干枯,受害的花蕾不能开花结果。受害的果脐部变黄褐色,呈木栓化龟裂。甜椒、菜豆、番茄受害后有相似症状。

【发生规律】 北方温室内一年四季均可发生,北京大棚内5月下旬开始发生,6月下旬至9月中旬为盛发期,冬季在温室内越冬。茶黄螨生长繁殖的适宜温度16℃~23℃,温暖多湿的条件有利茶黄螨的生长发育,为害往往也加重。

(七)食茎叶害虫防治方法

1. 加强检疫 尚未发生美洲潜叶蝇和南美洲潜叶蝇的地方,应加强检疫,防止因蔬菜和种苗的调运而传入;对已经发生为害的地区,应采取果断的防治措施,控制其为害。

2. 农业防治 作物收获后要及时深翻土地,清洁田园,清除前茬作物的残枝败叶以及田边杂草,压低虫口,减少下一代发生量;种植白粉虱、烟粉虱嗜好植物诱集并集中防治;培育"无虫苗";可与白粉虱不喜食的芹菜、蒜黄等蔬菜间作。

3. 物理防治 设置防虫网;黄板诱杀(涂10号机油);10厘米宽银灰膜带"挂条"避蚜。

4. 生物防治 人工释放丽蚜小蜂、中华草蛉、赤座霉菌等。

在茄果类、瓜类定植1周后,开始使用丽蚜小蜂。只需要将商品蜂卡悬挂在作物中上部的枝杈上即可,丽蚜小蜂羽化后即可自动寻找粉虱并寄生粉虱的幼虫。丽蚜小蜂的飞行能力比较小,需要在大棚中均匀地悬挂蜂卡。每667平方米每次使用1 500~2 000头,丽蚜小蜂可顺利建立种群。如果大棚防虫网能够完全挡住外面的粉虱进入,此时可以停止放蜂。一般隔7~10天释放1次,连续释放5~6次即可。为确保丽蚜小蜂的旺盛生命力,防止高湿或水滴润湿蜂卡,而造成丽蚜小蜂窒息或霉变,不能羽化,大棚内应铺盖地膜,并正常通风,温度应控制在20℃~35℃、夜间15℃以上,可提高防效。

5. 药剂防治

(1)防治蚜虫 要掌握卵孵化高峰施药。用2.5%溴氰菊酯乳油3 000倍液喷雾,或20%氰戊菊酯乳油2 000~3 000倍液喷雾,或2.5%高效氯氟氰菊酯乳油3 000~5 000倍液,或5%抗蚜威1 000倍液喷雾,或10%吡虫啉可湿性粉剂1 000倍液喷施,或25%阿克泰水分散粒剂4 000~6 000倍液喷施。

(2)防治白粉虱、烟粉虱 用2.5%噻嗪酮2 500倍液,或25%溴氰菊酯乳油3 000倍液,或20%氰戊菊酯2 000倍液,或2.5%联苯菊酯3 000倍液,或25%噻虫嗪水分粒剂2 500~4 000倍液,或1.8%阿维菌素乳油2 000倍液喷施。

(3)防治菜青虫、小菜蛾、斑潜蝇类 用1.8%阿维菌素乳油

3 000倍液,或25%灭幼脲3号悬浮剂2 000~2 500倍液,或20%氟铃脲(杀铃脲)悬浮剂6 000倍液,或48%毒死蜱乳油1 000倍液,或5%高效氯氰菊酯乳油1 000倍液,或50%灭蝇胺可溶性粉剂2 000~3 000倍液喷雾。

(4)防治茶黄螨 用73%克螨特1 000倍液或25%灭螨猛1 500倍液喷雾,或24.5%阿维菌素乳油2 000倍液喷雾,或25%噻虫嗪水分散粒剂2 500~5 000倍液喷施,或炔螨特2 000倍液,或噻螨酮2 000倍液。

三、蛀根害虫

(一)蛴螬

别名地蚕、白土蚕,是金龟科幼虫的总称,蛴螬的成虫是金龟子,在北方分布广泛。

【为害特点】 蛴螬食性很杂,多数蔬菜都可受害,在地下咬断幼苗的根茎,使植株枯死,被蛴螬啃咬的伤口也是诱发根病的原因。蛴螬的成虫金龟子主要为害地上部,喜欢取食果树叶子、花、果等。

【发生规律】 在北方金龟子2~3年才能完成一代。以二至三龄幼虫在深达80厘米土壤深处越冬,成虫可在30厘米深处的土壤里越冬,春天土温在10℃以上开始活动,逐渐上升到耕作层开始为害,5月底发生盛期。成虫有趋光性和假死性,白天潜伏,傍晚开始活动,对黑光灯趋性较强。

蛴螬始终在地下活着,所以土壤的温、湿度是影响蛴螬生长发育的主要因素。深秋土温降至8℃~9℃时,蛴螬向土壤深处移动并开始越冬。土壤湿度在20%左右时,有利于蛴螬的生长发育,所以潮湿的土壤危害相对严重,浇水或小雨过后有利于蛴螬的活动。

(二) 蝼　蛄

蝼蛄的别名叫拉拉蛄、土狗子等，属直翅目，蝼蛄科。

【为害特点】　蝼蛄是杂食性害虫，几乎所有农作物都能受到蝼蛄的为害，尤其是在温室大棚里，温度高、幼苗集中时受害更严重。蝼蛄的成虫和若虫都可咬食种子的幼芽，或将幼苗根茎咬断，致使幼苗凋枯死亡。另外，由于蝼蛄在土壤表层窜行，形成许多隧道，致使幼苗失水干枯死亡。

【发生规律】　在我国为害蔬菜的蝼蛄有2种，一是华北蝼蛄，二是非洲蝼蛄。华北蝼蛄三年发生1代，非洲蝼蛄一年1代，两种蝼蛄均以成虫或若虫在冻土层以下休眠越冬，翌年春天开始活动，由于温室大棚气温上升得快，所以首先为害蔬菜幼苗，蝼蛄昼伏夜出，喜欢在菜园及低洼湿处活动，炎热的中午躲在土壤深处。两种蝼蛄都有趋光性，在黑光灯下可诱到大量蝼蛄。蝼蛄对豆饼、麦麸、马粪和农家肥有趋向性。

(三) 地 老 虎

属鳞翅目夜蛾科，在我国已发现十几种（如黄地老虎、小地老虎等）。地老虎属杂食性害虫，可为害100多种作物及杂草。

【为害特点】　地老虎是以幼虫为害作物，在幼虫的6个龄期中，一龄幼虫较为集中为害，吃去植株叶肉，仅留表皮；二龄幼虫吃豆粒大孔洞，仍留纸状表皮；三龄幼虫将叶片咬成缺刻或咬断幼芽；四龄后咬断幼茎，进入暴食为害期。幼虫主要为害作物幼苗，多时一头幼虫可为害5～10株幼苗，夜间为害尤为猖獗。

【发生规律】　成虫白天栖息于杂草、土堆等荫蔽处，夜间交配、产卵和吸食。卵散产于叶背、土块、杂草上，每头雌虫一生产卵800～1 000粒。白天栖于幼苗附近土表下面，幼虫有假死性。成

第十章 蔬菜常见害虫及防治

虫趋化性强,喜食甜酸味汁液,对黑光灯也有明显趋性。在草类多、温暖、潮湿、杂草丛生的地方,虫头基数多。7℃～20℃的温度,最适合其生长发育,温度高达30℃时,明显受抑制。

(四)根蛆类

【为害特点】 根蛆是双翅目花蝇科幼虫的总称,也称地蛆、种蛆,其成虫常见的有种蝇、葱蝇、萝卜蝇和小萝卜蝇等。为害瓜类、豆类、十字花科、韭菜、葱、蒜类蔬菜等。种蛆在土壤里为害播下的蔬菜种子,或取食刚出芽的种芽,造成烂种,在留种地里为害根部,引起根部腐烂或枯死。

【发生规律】 北方一年发生3～4代,以蛹在土壤表层或粪堆里越冬,早春羽化的成虫在菜苗根周围的土表产卵,孵化出的蛆钻入蔬菜的根茎内为害,受害植株因根部吸收水分不足而凋萎,或因根部腐烂而枯死。成虫以晴天中午最为活跃,对未腐熟的粪肥和发酵的饼肥有很强的趋性。

(五)韭蛆

学名是韭菜迟眼蕈蚊,也称黄脚蕈蚊,属双翅目眼蕈蚊科。成虫是一种小蚊子,与种蛆不同,种蛆是一种小蝇子,但都以幼虫为害,韭蛆幼虫聚集在地下部,为害韭菜的鳞茎和嫩茎,致使韭菜枯黄,幼茎腐烂,严重时造成死亡。韭蛆在华北地区一年发生4代,以幼虫在韭菜鳞茎内或根周围的土中越冬,而在温室大棚等保护地中可不断繁殖,翌年早春3月下旬开始化蛹,4月初羽化为成虫。成虫喜欢弱光,潮湿的环境,能飞翔百米左右,每个雌蚊可产300粒卵,孵化后的幼虫,先为害韭菜叶鞘和嫩芽,后蛀入根茎为害。

(六)蛀根害虫防治方法

1. 农业防治 秋翻地可减少越冬虫量,经秋翻地后耕土层里的蛴螬等地下害虫,翻至土表可被天敌捕食或被冻死;多施腐熟的有机肥,增加土壤中有益微生物数量,增强植株的抗虫力。

2. 物理防治 利用黑光灯大量诱捕成虫。

3. 药剂防治

(1)拌种防治 用50%辛硫磷乳油拌种,用药量是种子重量的0.1%~0.15%。具体用法是:先将种子铺在塑料布上,量取计算好的药液,稀释50~100倍,均匀喷洒在种子上,边喷边搅拌,然后闷3~5小时,待种子把药液吸干后播种或用40%二嗪农乳油按种子重量的0.4%~0.5%拌种。与谷子加农药制成的毒谷的用法是毒谷与种子同时播种,用量每667平方米1~2千克。

(2)毒饵防治 毒饵制作方法:50%辛硫磷乳油10毫升或80%敌百虫可湿性粉剂10克,稀释50倍液成500毫升,加入炒香的糠麸或鲜菜叶或嫩草20~30千克拌匀,加适量水,手攥成团即可,傍晚撒在苗床作物周围或蝼蛄活动的地方。每667平方米1.5~2千克,鲜草毒饵每667平方米10~12千克。

(3)灌根防治 用48%乐斯本1500倍液灌根,或50%辛硫磷乳油1500倍液浇灌。

(4)土壤处理 用40%二嗪农乳油或48%乐斯本乳油,每667平方米100克,掺细土开沟施入土中,效果良好。

四、蜗牛和蛞蝓

【为害特点】 蜗牛与蛞蝓常混合发生。蜗牛、蛞蝓属于软体动物。蜗牛、野蛞蝓以齿舌刮食叶、茎,造成叶片孔洞缺刻,为害幼苗时可把幼苗咬断,造成缺苗断垄。蜗牛是春秋季节蔬菜上的重

第十章　蔬菜常见害虫及防治

要害虫,发生多、为害重且食性杂,几乎可为害所有的绿色植物,尤喜植株的幼嫩器官。蜗牛还能取食植物残体,如腐烂的菜叶、菜根以及未腐熟的有机肥等。叶片受害后,叶片呈网状破碎,结果率低,严重减产;豌豆受害后,叶片破碎,缺苗断垄;蔬菜受害后,叶片严重受损,并留下污痕,对蔬菜产量、品质和经济效益均具有严重的影响。

蛞蝓及蜗牛不仅直接取食植株造成损害及减产,更重要的是由于其取食,虫体排泄物及其分泌特有的黏液,对一些蔬菜、花卉以及鲜果、草莓等造成污染,使商品价值大大降低,其损失远大于直接取食为害,并且因其取食为害造成霉菌感染而腐烂。

蜗牛,又称水牛,在蔬菜、果树及花卉上经常发生,并可为害牧草及粮食作物。近年来,在我国北方蔬菜温室大棚中时有为害。

为害蔬菜的蜗牛主要是灰巴蜗牛和同型巴蜗牛,前者体型稍大,爬行时体长30～36毫米,体外有圆球形贝壳,表面生5～6层螺旋层,故又称螺壳。卵为圆球形,乳白色,不透明,幼螺形似成螺。

【发生规律】　蜗牛在潮湿阴暗处越冬,一年繁殖1～2代,为害和产卵主要在春秋两季。蜗牛雌雄同体,既可异体受精,也可自体受精繁殖,任何个体均能产卵,一个成贝一次可产卵50～200粒,卵成堆产于一处,孵化时比较整齐。喜阴湿,雨天昼夜活动为害,干旱情况下则昼伏夜出。到夏季干旱季节暂时不食不动,干旱季节过后又恢复活动,为害秋播作物。在温室苗床中则2～3月份即开始为害,以8～9月份发生为害最重。蜗牛为害的对象主要是种子、幼苗、地下块茎、叶及果实。受害叶片从中间被其齿舌刮食,造成孔洞或缺刻,有别于食叶昆虫先从叶缘取食的特点。在蔬菜作物中,蜗牛最喜欢取食的有大白菜、小白菜、豌豆、豇豆、大豆,而萝卜及洋葱、大蒜、韭菜等百合科的蔬菜受害很轻或几乎不受害。

蛞蝓主要是野蛞蝓,又叫鼻涕虫,其体长20～25毫米,身体柔软无外壳,长梭形,黑褐色或灰褐色,体背前端具外套膜,为体长的1/3。卵为乳白色,透明,初孵蛞蝓呈淡褐色,体形同成体。蛞蝓几乎可为害所有的农作物,蔬菜上主要为害十字花科植物。在我国,蛞蝓广泛分布于南北方。

野蛞蝓在作物根部湿土下越冬,春秋季在土隙中产卵,每次产卵1~32粒,年平均产卵量400余粒。雌雄同体,可异体及同体受精。怕光,喜在夜间活动为害,天亮前潜入土下或作物根部。气温18℃左右时为害最重,温度较低或高于30℃则活动性下降,7~8月份高温干旱季节,为害基本停止,潜入土下、草堆及作物根部越夏。该虫耐饥力很强。

【防治方法】 蜗牛和野蛞蝓单靠药剂防治通常难以奏效,要采取一系列综合措施,才能取得较好的防治效果。

1. 农业防治 利用地膜覆盖可明显减轻蜗牛和野蛞蝓的为害;经常清洁田园,及时中耕,破坏它们的栖息地和产卵场所,减少虫源;秋冬深翻地,可把卵和越冬成虫翻至地表,晒死或被天敌吃掉。在蜗牛发生较严重的地方,在冬春季和秋季翻耕土地时留一小块杂草地,引诱蜗牛,然后集中消灭。春、秋耕翻土地后及时清除畦面杂草和作物残体,可利用树叶、杂草、菜叶在菜地做成诱集堆,洒水造成阴湿环境引诱蜗牛,天亮后集中捕捉加以消灭。蔬菜收获后,及时清除菜地的杂草及作物残渣。不施用未腐熟的有机肥。在沟边、地头或行间撒石灰带保苗,每667平方米用生石灰5~7千克。

2. 药剂防治 主要方法是使用毒饵、颗粒剂撒施和药剂喷雾,可选用的有灭梭威、蜜哒(低聚乙醛)和硅酸铜等,前两者的主要剂型是饵剂和颗粒剂,方法简便,实用有效。

饵剂和颗粒剂:灭梭威具有胃毒及触杀作用,蛞蝓取食后会盲目运动数小时,导致肌肉疲劳,最后死亡,防效受天气影响较小;蜜哒不直接杀死蜗牛,但可使其麻痹,并分泌大量黏液,在干燥温暖

第十章 蔬菜常见害虫及防治

条件下,蜗牛因脱水而死。

饵剂一般在秋季作物苗期用效果好,此时蜗牛、蛞蝓越夏后正处在饥饿期,田间周围植被减少,可替代的食物少,毒杀效果更为明显。在阴雨潮湿的天气或灌溉后及时用药,以下午近黄昏时施用为好。

饵剂可撒施、点施,并沿地块四周施成线状,尽量不要污染菜叶。饵剂用苹果汁或橘子汁浸湿后诱惑力更强,同时应加强田边施用,防止迁入。饵剂1年用1~2次即可奏效。一般2%灭旱螺饵剂667平方米用量400~600克,均匀撒施于作物根际土壤表面,每点5~6粒即可;10%蜜哒,每667平方米用0.5~1千克,于傍晚时均匀撒施在畦面上。对蜗牛重发生田块,隔10~15天,进行第二次防治,可有效地控制蜗牛为害。每667平方米用10%蜜哒颗粒剂500克,或5%梅塔颗粒剂425~600克撒施在集中为害的菜田和作物上,掌握在傍晚撒施。

喷雾剂:可用于喷雾的农药有2种,一是灭梭威制剂;二是硅酸铜。其他含铜制剂如波尔多液、硫酸铜也有一些效果。在初夏晴天有露水的早晨害螺活动时喷雾最有效,但要注意喷铜制剂在高温条件下易出现药害;也可选用80.3%克蜗净可湿性粉剂150倍液喷雾防治。

思 考 题:

1. 为害蔬菜的害虫主要有哪几类?各有什么特点?
2. 如何防治为害茎、叶的害虫?
3. 如何防治地下害虫?

第十一章 蔬菜病虫害的综合防治

病虫害的预测预报工作就是掌握病虫发生的动态,做好防治工作的各项准备。因此,除关注有关部门发布的病虫情报外,还必须掌握田间调查的方法,内容主要包括:如何取样,如何整理调查数据,如何结合本地的实际情况,制定合理有效的防治方案。防治方案可以某一种主要病虫害为对象,也可以作物为对象制定全面、系统、科学的综合防治计划,以便用最低的成本,取得最大的经济效益和生态效益。

一、预测预报

(一)定 义

病虫害的预测预报工作,是以已掌握病虫害发生规律为基础,根据当前病虫发生数量和发展状况,结合气象条件和作物发育等情况,进行综合分析,判断病虫未来的动态趋势,保证及时、经济、有效的防治工作。

病虫害的预测预报就是在病虫发生危害之前,侦察病虫发生的动态,经过科学分析,结合历年发生情况的比较,再结合当地气象资料以及天敌、作物发育阶段等,综合分析,以得出病虫的发生发展的趋势,并运用于病虫害的防治实践中,以便提前作好准备、指导防治工作,争取防治工作的计划性和主动性,以便在与病虫害斗争中取得胜利。预测预报的内容有:发生期的预测、发生量预测、发生范围和产量损失预测。

第十一章　蔬菜病虫害的综合防治

(二) 目　的

预测预报工作,是在逐步掌握病虫发生发展的规律基础上,比较准确地对病虫发生时间、地点和程度作出预测,抓住病虫发生和发展的薄弱环节,选择有利的时机,以最小的成本取得最大的效益。因此,预测预报工作在生产中非常重要,它是贯彻我国植保方针"预防为主,综合防治"和实现植保工作现代化的基础。

预测方法从经验预测、物候预测以及综合气象指标、菌量指标、虫情指标和天敌指标等各方面数据,发展到利用卫星遥感、雷达、计算机等技术进行病虫的预测,目的是将预测的结果经过统计分析后,制成预报或预警,通过"病虫情报"或"病虫动态"等小报在当地发布,也可通过报纸、广播、电视或网络等传媒播报。

(三) 分　类

按预测预报的内容,病虫害预测预报的类别可分为以下几种。

1. 发生期预测　预测某种虫害的某一虫态或病害发生期或危害期;对于具有迁飞、扩散习性的害虫,以及大区流行病害或流行性强的病害,预测其在本地的发生时期,并以此作为确定防治适期的依据。

2. 发生量和危害程度预测　预测病害或害虫的发生数量或田间发生程度,估计病害或害虫未来的数量是否有大发生的趋势和是否会达到防治指标。

在病害或害虫发生量等预测的基础上,根据病害或害虫猖獗程度与作物栽培状况相结合进行综合分析,进一步研究预测某种作物对于病害或虫害最敏感的时期,是否完全与病害或害虫破坏力或侵入力最强、病虫数量愈来愈多的时期相遇,从而推断病害或虫害程度的轻重或所造成损失的大小;配合发生量预测进一步划分防治对象田,确定防治次数,并选择合适的防治方法,以争取防治工作的主动权。

当前我国所发布的农作物病虫害发生趋势预报,按预测期限分,主要有短、中、长和超长期(跨年度)预测(表11-1)。

表 11-1　农作物病虫预报种类表

预测种类	预测期限	主要用途	主要服务对象
短期预测	3～10天	指导药剂防治	农户、基层政府及农业主管部门
中期预测	10～30天	指导栽培防治,做好药剂防治的准备工作	省、地、县农业主管部门及农资部门
长期预测	1月～1季度	制订防治计划,优化防治方案	国家、省、地农业、农资主管部门
超长期预测	跨年度至若干年	制订植保规划、计划,病虫害长期控制对策、措施	中央、省级农业主管部门和植保部门

二、田间调查

(一)田间调查的目的

为了了解实际情况,必须在现场进行实地的田间调查病虫害发生的时间,危害程度和范围,以便掌握防治的主动权,并根据调查的情况,明确防治对象安排时间,制定防治计划。

田间调查的数据,经计算、整理和分析,可作为本地区病虫害的档案,是病虫害的预测预报和指导防治工作的基础性工作。

有时要了解一个新品种的增产效果,一项栽培措施或一个新农药的防治效果,要调查某一种病虫害造成的损失,同样需要认真的田间调查。因此,田间调查是植保员必须掌握的一项基本技能。

第十一章 蔬菜病虫害的综合防治

(二)田间调查的方法

田间调查是一项十分细微且繁琐的工作,调查时要尽量选择有代表性的样品,即抽取能代表整田或整个大棚或温室的一部分植株或叶片,这就叫抽样。为了尽可能有代表性,根据当地病虫发生情况,采用不同的取样方法,如常用的有五点式、棋盘式、对角线式、抽行式(图 11-1)等取样。取样的内容主要有以下几点。

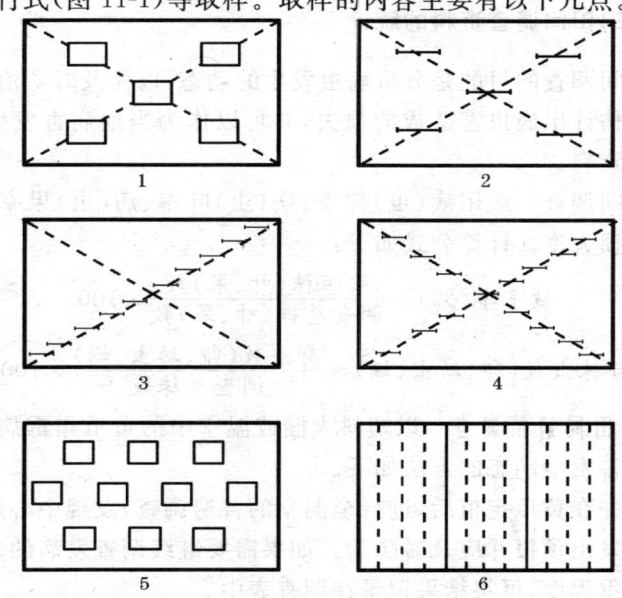

图 11-1 田间调查方法示意图
1. 五点式(面积)　2. 五点式(长度)　3. 单对角线式
4. 双对角线式　5. 棋盘式　6. 抽行式

1. 植株、叶、果等　为了得出在田间发生病虫害的病(虫)株率、病叶率、病果率,按取样方式获取的数据,一般取样数量在百株、百叶或百果以上,经计算后便可得出。

2. 面积 如求得 1 平方米土壤中的害虫、卵数或受病虫害危害的株数,就得按面积调查,一般取样 5～10 平方米。

3. 长度 对密植的作物的调查,常采用 1 米长病虫发生的数量,一般取样 10～20 米。

4. 其他 可用诱虫灯或捕虫网获得的虫数,推算出害虫发生的数量。

(三) 田间调查资料的统计

田间调查的目的是分析病虫发生的动态,以便及时防治,最终计算并估计出病虫害造成的损失,并可以作为当地病害发生情况的历史资料。

田间调查一般用病(虫)株率、病(虫)叶率、病(虫)果率、病情指数及损失率。计算公式如下:

$$被害率(\%) = \frac{被害株(叶、果)数}{调查总株(叶、果)数} \times 100$$

$$百株虫数(卵、幼虫、蛹) = \frac{有虫数(卵、幼虫、蛹)}{调查总株数} \times 100$$

1. 田间病情调查 以塑料大棚或温室中的黄瓜霜霉病为例,调查病害发生动态的方法如下。

首先在黄瓜定植后,进行全温室的普遍调查,发现中心病株后应即可发出预报并应及时防治。如果需要继续调查发病的动态和发生严重程度,可将结果记录在调查表中。

第十一章 蔬菜病虫害的综合防治

黄瓜霜霉病田间系统调查表

调查地点：_____ 调查日期：_____ 调查人：_____

品种	生育期	调查株数	发病株数	病株率(%)	调查叶数	发病叶数	病叶率(%)	各级发病叶数					病情指数	备注
								0	1	2	3	4		

2. 病情指数的计算

为了既能计算出发病率又能反映发病严重程度,常常用一种叫病情指数的分级计算方法来表示,根据发病的严重程度,人为地将病害分为3～5个级别,以"0"级表示无病,按下面公式计算：

$$病情指数 = \frac{\sum(各级病叶数 \times 该级数)}{调查总叶数 \times 最高发病级数} \times 100$$

例如：调查某保护地黄瓜霜霉病发生情况,按五点取样法,每点40张叶片,共200片叶,其中未发病50片,1级病叶100片,2级病叶35片,3级病叶10片,4级病叶5片。试计算病叶率和病情指数。

黄瓜霜霉病病叶严重度分级标准：

0级：叶片无病斑；

1级：病斑占叶片面积的10%以下；

2级：病斑占叶片面积的10%～20%；

3级：病斑占叶片面积的20%～50%；

4级：病斑占叶片面积的50%以上或叶片枯死。

计算：

$$病叶率(\%) = \frac{病叶数}{调查总叶数} \times 100 = \frac{150}{200} \times 100 = 75\%$$

病情指数 =

$$\frac{(50 \times 0) + (100 \times 1) + (35 \times 2) + (10 \times 3) + (5 \times 4)}{200 \times 4} \times 100$$

$$= \frac{100 + 70 + 30 + 20}{800} \times 100 = \frac{220}{800} = 27.5$$

(注：病情指数不用百分符号)

3. 损失率的计算

测定病虫害造成的损失率比较复杂，有的病虫害的被害率与损失率很近似，如瓜类枯萎病、茄子黄萎病等系统性病害，其发病率基本上就是损失率，但大多数病虫害并非如此，往往是通过统计不同年份的产量来测算损失程度，或者通过试验来测定损失率。损失率的计算公式如下。

$$损失率(\%) = \frac{未受害田平均产量 - 受害田平均产量}{未受害田平均产量} \times 100$$

通过实验来测定损失率时，一般要设立面积相同，土壤肥力及水肥管理一致的防治区和不防治区，然后比较两个区的产量，得出损失率。计算公式如下。

$$损失率(\%) = \frac{防治区产量 - 不防治区产量}{防治区产量} \times 100$$

三、蔬菜病虫害的综合防治

(一)综合防治的概念

"综合防治是对有害生物进行科学管理的体系，是从农业生态系总体出发，根据有害生物与环境之间的相互联系，充分发挥自然

第十一章 蔬菜病虫害的综合防治

控制因素的作用,因地制宜协调应用必要的措施,将有害生物控制在经济允许水平之下,以获得最佳的经济、生态和社会效益"。即以农业生态全局为出发点,以预防为主,强调利用自然界对病虫的控制因素,达到控制病虫发生的目的;合理运用各种防治方法,相互协调,取长补短,在综合各种因素的基础上,确定最佳防治方案,利用化学防治方法时,应尽量避免杀伤天敌和污染环境;综合治理不是彻底干净消灭病虫害,而是把病虫害控制在经济允许水平以下;综合治理并不降低防治要求,而是把防治措施提高到安全、经济、简便、有效的水平上。

我国的植保方针是"预防为主,综合防治",其原则是:采取农业防治与生物防治、物理防治、化学防治相结合的方法。农业防治是基础,协调利用生物、物理技术,科学合理地应用化学防治技术,合理使用农药、减少污染,将病虫害控制在经济允许水平之下。"预防"是贯彻植保方针的基础,"综合防治"不仅是防治手段的多样化,更重要的是以生态学为基础,协调应用各种必要的手段,经济、简易、安全、有效地持续控制虫害,而不是完全消灭。任何对有害生物的防治,如果脱离了这一指导思想,不算是好的综合防治。

实践证明,坚决贯彻执行植保方针,做好病虫害防治工作,是广大植保工作者光荣而艰巨的任务。

如瓜类枯萎病、茄子黄萎病、根结线虫病和多种病毒病以及钻蛀性害虫等。这些病虫害主要是通过种苗、带菌的堆肥或昆虫等传入的,一旦病、虫在当地发生,就会使危害蔓延扩大,不利于防治工作的进行。因此,把好种苗、肥料和传毒昆虫这几关就显得特别重要。要严格执行植物检疫制度,不从病区调运种苗;对种子严格处理,做到不经消毒处理不下种,不经土壤处理的菜田不定植;不施用未经腐熟的农家肥,及时清理田间残枝落叶和杂草,定期对棚室和架材消毒。

我国的"预防为主,综合防治"植保方针与国际上通用的"有害生物综合治理"(IPM)理念基本一致。综合防治是在农业生态系统中,在农业可持续发展的总方针指导下,根据有害生物与环境之间的关系,创造和利用生态系统中的各种不利于有害生物生长繁殖、而有利于作物健康生长和有益生物生存和繁殖的因素,发挥生态系统的调控作用,充分利用天敌对害虫的抑制能力,增强作物的抗逆性,保证作物健康生长。

(二)综合治理约原则

1. 以农业生态学为基础 寄主植物、病原或害虫、自然天敌三者之间相互依存,相互制约。它们同在一个生态环境中,又是生态系统的组成部分,它们的发生和消长又与共同的生态环境的状态密切相关。综合治理就是在蔬菜播种、育苗、移栽和管理的过程中,有针对性地调节生态系统中某些组成部分,创造一个有利于植物及天敌的生存,不利于病虫发生发展的环境条件,从而预防或减少病虫的发生与危害。

2. 以可持续发展为标准 植物病虫害的综合治理,要从病虫害、寄主植物、天敌、环境之间的自然关系出发,充分利用自然控制病虫害的观念出发,科学的选择及合理的使用农药,特别要选择高效、无毒或低毒、无污染、有选择性的农药,防止对人、畜造成毒害,减少对环境的污染,保护和利用天敌,不断增强自然控制力。

生态系统的各组成部分关系密切,要针对不同的防治对象,又考虑对整个生态系统的影响,协调选用一种或几种有效的防治措施。如农业防治、生物防治、物理机械防治、药剂防治等措施。对不同的病虫害,采用不同对策。各项措施协调运用,取长补短,又要注意实施的时间和方法,以达到最好的效果。同时将对农业生态系统的不利影响降到最低限度,以利于农业的可持续发展。

3. 以提高经济效益为目的 防治病虫害的目的是为了控制病虫的危害,使病虫害的危害程度不足以造成经济损失,即经济允许水平(经济阈值)。根据经济允许水平确定防治指标,危害程度低于防治指标,可不防治,否则要及时防治,以保证蔬菜商品产量和品质,以最低的防治病虫害的成本,取得最大的经济效益。

(三)综合防治的主要措施

1. 植物检疫 植物检疫也称法规防治。指一个国家或地区由专门机构依据有关法律法规,应用现代科学技术,禁止或限制危险性病、虫、杂草等危险性生物通过贸易、种质交流或调运等通过人为的传入或传出,或者传入后为限制其继续扩展所采取的一系列措施。

植物检疫工作的范围就是根据国家所颁布的有关植物检疫的法令、法规、双边协定和农产品贸易合同上的检疫条文等要求开展工作。对植物及其产品在引种运输、贸易过程进行管理和控制,目的是达到防止危险性有害生物在地区间或国家间传播蔓延。

植物检疫分对内检疫和对外检疫。对内检疫的主要任务是防止和消灭通过地区间的物资交换、调运种子、苗木及其他农产品、园艺产品贸易等而使危险性有害生物扩散蔓延。故又称国内检疫。对外检疫是国家在港口、机场、车站和邮局等国际交通要道,设立植物检疫机构,对进出口和过境应放检疫的植物及其产品实施检疫和处理,防止危险性有害生物的传入和输出。

(1)确定植物检疫对象的原则 ①国内或当地尚未发现或局部已发生而正在消灭的;②一旦传入对植物危害性大,经济损失严重,目前尚无高效、简易控制方法的;③繁殖力强、适应性广、难以根除的;④可人为随种子、苗木、农产品、园艺产品及包装物等运输,作远距离传播的危险性有害生物。

(2)实施植物检疫的主要措施

① 调查研究,掌握疫情:首先要了解国内外危险性病、虫、草等有害生物的种类、分布和发生情况。有计划的组织调查当地发

生或可能传入的危险性病、虫、草种类,分布范围和危险程度。

② 划定疫区和保护区:凡发生检疫对象的地区,称为该检疫对象的疫区,未发生的地区称为保护区;对疫区应采取封锁和扑灭的措施;对保护区要采取一切检疫措施加以保护。

③ 采取检疫措施:凡从疫区调出的种子、苗木、农产品及其他播种材料应严格实施检疫,未发现检疫对象的发给"检疫证书";发现有检疫对象,经彻底消毒处理后,经复查合格后可发给"检疫证书";无法消毒处理的,可按不同情况给予禁运、退回、销毁等处理。严禁带有检疫对象的种子、苗木、农产品及任何可能带有检疫对象的材料进入保护区。

(3) 实施植物检疫的方法

① 产地检疫:产地检疫是实施植物检疫的基础,其主要任务是根据输入国检疫要求、检疫实际需要以及检疫物供需单位、个人要求,到入境或出境检疫物的产地进行检疫。产地检疫时依据进出境检疫物种类,应检病、虫、杂草的生物学特性选择一种或几种适当的方法进行。检疫不合格者,暂停进口或出口。

② 现场检疫:现场检疫包括依法登船、登车、登机实施检疫,依法进入港口、车间、机场、邮局实施检疫,依法进入种植、加工、存放场所实施检疫。

③ 室内检疫:根据进出境国的双边协定和检疫条款,对代表样品和发现的病、虫、杂草,按其生物学特性分别在室内采用一种或几种检疫方法进行检查和鉴定。目前,分子生物学检测方法已被广泛应用于植物检疫,不仅大大提高了检疫效率,而且检疫结果更准确可靠。

④ 隔离检疫:《检疫法》规定,输入的植物种子、苗木和其他繁殖材料,在以下三种情况下要隔离检疫:一是某些植物危险性病、虫、杂草,特别是许多病毒,在输入的种苗上往往表现隐症,口岸抽样检查时很难检出,而在生长发育期间容易鉴别;二是国家公布的

第十一章 蔬菜病虫害的综合防治

病、虫、杂草名录有一定的局限性,《检疫名录》中的某些病、虫、杂草虽然在国外发生不太严重,传入国内后,可能由于生态环境的改变有利于其发生危害,并造成重大经济损失;三是当引进的植物带有微量病原物时,口岸抽样检查很难发现疫情,传入后,可能大量繁殖而引起严重的流行危害。隔离检疫需要隔离检疫场所。

植物检疫工作目前面临严重的挑战,不仅是对外检疫工作的压力,而且境内各省之间,各县之间同样具有检疫工作的迫切性,作为基层植保员应积极配合检疫部门,增强植物检疫观念,广泛开展调查,围剿检疫性病、虫、杂草等有害生物的传播和蔓延。

2. 农业防治 农业防治就是根据农业生态系统中病虫、作物和环境条件三者之间的关系,结合农作物整个生产过程中的栽培管理措施,改变条件,使之不利于病虫的发展,而有利于农作物的生长发育,对病虫起到一定的抑制作用。

主要的措施有:选用抗病虫品种,培育健康幼苗,加强田间管理,改进耕作制度,嫁接技术的应用等。

(1)选用抗病、虫品种 作物品种的抗病、抗虫程度可分为以下几种:一是具有免疫性或抗病性、抗虫性或避虫性的品种,这样的品种种植后不受病虫危害;另一类品种,具有补偿能力,虽然受害但损失不大,这是一类具有忍耐性的耐病、耐虫品种;而不具有抗性,又无忍耐性的品种就是感病品种、感虫品种。

抗病、抗虫品种往往表现在形态特征和组织结构上,如表皮和角质层蜡质的有无、气孔的结构和开闭特征等,对于某些害虫的产卵或取食,以及对病菌的侵入都有密切的关系。另外,蔬菜中含有特殊物质也可抵制某些病虫的危害,如葱蒜类含有杀菌成分,对许多病菌有抑制或杀菌作用。在蔬菜中利用杂交品种的杂交优势能获得抗病、抗虫高产的效果。

(2)培育健康幼苗 无病虫的健康幼苗是获得蔬菜优质高产的基础,首先要对苗床消毒,并用小拱棚和防虫网阻隔害虫,在苗床施足基肥和浇足水后,主要是注意温度的管理。高温、高湿会造成弱苗,在幼苗能忍耐的温度下,应尽可能进行低温锻炼,以便培育健康幼苗。

(3)加强田间管理　除注意肥水管理外,调节播期可以防治病虫危害,如北京地区大白菜掌握在立秋前后 2～3 天播种,可以减轻病毒病、霜霉病和软腐病的危害。清洁田园也是非常重要的措施,菜田里的枯枝落叶和杂草常为大量病菌和害虫的栖息和越冬的场所,因此要及时清除上茬作物的残体和杂草,可明显降低病菌和害虫的来源。

(4)改进耕作制度　连续多年种植单一品种的蔬菜,会造成病虫害逐年加重的趋势,尤其在设施栽培中更为突出。如连年种植蔬菜的保护地里苗期病害、疫病、枯萎病以及线虫病害逐年加重,应施行轮作或间套作,如施行茄科蔬菜与葱蒜类蔬菜轮作或间套作,可减轻病虫的危害;露地蔬菜间作甜玉米等高秆作物可减轻虫害和病毒病害;播种期的调整可以避开病虫发生的高峰期。

(5)嫁接　嫁接技术已经成功在黄瓜、番茄、茄子等蔬菜上应用,增产和防治效果明显。利用嫁接可有效防治茄子、番茄黄萎病、枯萎病、根腐病和根结线虫等土传病害。主要是利用野生茄子做砧木,做砧木的野生茄子:刺茄、托鲁巴姆、无刺茄砧等,对砧木和接穗要进行播期的调整,用劈接法嫁接,防效达 90%以上,具体嫁接方法见第三章茄果类蔬菜真菌病防治一节。

3. 物理防治　通过人工或机械的办法达到防治病虫害的目的,如人工捕杀害虫,采集卵块;诱虫灯诱杀;防虫网阻隔害虫;黄板诱杀;日光晒种,温汤浸种,高温土壤消毒等方法都能达到防治病虫害的目的。

(1)诱虫灯诱杀　频振式杀虫灯在全国大面积应用,取得了很好的经济效益和生态效益。该灯利用害虫趋光性的原理,将光锁设在一定波长,并装配频振高压电网触杀,可诱杀多种害虫,降低

第十一章 蔬菜病虫害的综合防治

田间落卵量,减少虫口密度。该方法可减少化学农药使用量,从而降低农药残留和环境污染,并能保护天敌,是生产无公害、绿色和有机蔬菜的主要防治技术。

(2)防虫网阻隔防虫 此技术已在美国、日本等发达国家普遍采用,我国在北京、深圳以及江苏等地已经大量使用。通过覆盖防虫网,可将害虫挡在田地之外,使用得当防治效果可达90%以上。防虫网是以高密度聚乙烯为主要材料,并添加抗老化和抗紫外线等助剂,精加工编制而成的不同规格的网纱。使用方法有以下三种:①温室出入口及通风口设置网纱。②覆盖拱棚,在拱棚的拱架上全封闭覆盖。③将防虫网直接覆盖在播种后的地面或定植后的菜苗上。使用防虫网时应注意以下几点:一是棚室覆盖防虫网之前,一定要进行土壤消毒,杀灭棚室内潜伏的害虫和虫卵。二是接触地面的网纱一定要用土封严,不留空隙。三是根据防治对象选择不同规格的网纱,防治棉铃虫、斜纹夜蛾、小菜蛾的可选用20~25目的防虫网,而防治蚜虫、飞虱、斑潜蝇等要采用40~50目网纱。四是防虫网必须全生长期覆盖。五是经常察看防虫网上是否有虫卵,如有虫卵应及时清除,以防孵化幼虫钻入防虫网内。六是防虫网使用后,要及时清洗,放置在阴凉处,妥善保管,以便延长使用寿命。

(3)黄板诱杀 利用黄色粘虫板诱杀害虫,已经是普遍采用的技术,其原理是利用一些害虫对黄色的趋性,将害虫诱杀。商品粘虫板成本较高,可自制黄板。可选用50厘米×20厘米纤维板或硬纸板,上面涂上橘黄色调和漆,晾干后,在上面再涂上一层油剂(10号机油加黄油,比例5:1),每667平方米使用30~35块,为了使用方便,可在黄板外覆盖一层保鲜膜,再将调制的油剂涂在保鲜膜上,粘满害虫以后将保鲜膜换掉即可。使用时应注意以下几点:①挂黄板应在害虫初发生的阶段,以便将害虫控制在比较低的水平。②应将黄板挂在植株顶部20~30厘米处,植株长高应不断提升黄板。③当黄板粘满害虫或灰尘时,应及时更换。

4. 生物防治 利用有益生物或其代谢产物来防治有害生物的方法统称生物防治。此方法对人、畜和植物安全,保护有益生物和环境,是发展可持续农业的重要组成部分。因此,生物防治在综合防治中占有重要地位。实施生物防治首先要认识自然界中害虫的天敌,天敌是控制害虫大发生的重要因素,所以注意保护和利用天敌,避免或减少对天敌的伤害,创造适于天敌的生存和繁衍的生态环境,充分发挥天敌控制害虫的作用,同时提倡使用生物农药并人工繁殖有益生物。

(1) 以虫治虫 利用天敌昆虫防治害虫又称"以虫治虫",天敌昆虫常见的有捕食性天敌(如草蛉、食蚜蝇、瓢虫、胡蜂等)和寄生性天敌(如寄生蜂、寄生蝇等)。通过保护自然界天敌昆虫、人工繁殖和释放天敌昆虫以及引进外地天敌昆虫来达到"以虫治虫"的目的。

(2) 以菌治虫 已应用的微生物杀虫剂有苏芸金杆菌(B.t)、白僵菌和核型多角体病毒(NPV)防治蔬菜上的鳞翅目害虫(如棉铃虫、斜纹夜蛾和小菜蛾等)。

(3) 以菌治菌 利用有益微生物达到控制植物病害的发生、发展,已应用的有益微生物细菌中有放射土壤杆菌、荧光假单胞杆菌、枯草芽孢杆菌,真菌有哈茨木霉及放线菌。

(4) 利用有益生物防治害虫 有益生物包括鸟类、家禽、青蛙、蜘蛛等,在鸟类中有多半是以昆虫为食,所以应大力造林挂鸟巢招引益鸟;养鸡吃虫是一举两得的好事;对于其他有益生物应加以保护利用,使其在农业生态系统中充分控制害虫的作用。

(5) 利用昆虫激素防治害虫 用昆虫保幼激素2号、JH25防治烟青虫、蚜虫效果明显;利用性外激素诱杀或干扰雌雄交尾来控制害虫,在生产上已经使用。另外,用不育性控制害虫也已试用。

(6) 利用微生物的代谢产物防治病虫害 如农用链霉素、多杀

第十一章 蔬菜病虫害的综合防治

菌素、多抗霉素的利用等。

5. 化学农药防治 化学农药防治是指利用化学合成的农药防治有害生物的方法。在蔬菜病虫害防治中化学农药防治是普遍使用的方法,其优点是防治对象广,防治效果明显,见效快;使用方便,化学农药具有适用各种使用方法的剂型,可工业化大量生产,远距离运输和较长时间保存,使用不受地区和季节的限制,因此化学农药防治在综合防治中占有非常重要的位置。但长期和单一使用化学农药会导致抗药性的产生;化学农药对天敌和有益生物的大量杀伤,严重破坏了生态平衡,引起主要病虫害的再度猖獗和次要病虫害的大发生;化学农药会造成对环境和蔬菜的污染,威胁人类的健康。为了充分发挥化学农药在综合防治中的优势,逐步克服和减少化学防治存在的问题,使用化学农药一定要科学合理。在蔬菜上应用化学农药防治病虫害时,首先要严格禁止使用剧毒农药,如甲胺磷、对硫磷、甲基对硫磷、久效磷、氧化乐果等,选用高效、低毒、低残留的有利环保的农药,尽可能使用生物农药,并注意与农业防治、物理防治和生物防治协调进行,尤其与生物防治协调和互补。

在化学防治中,首先要"对症下药",根据不同防治对象,有针对性地用药,根据农药剂型、病虫害种类,选择不同的施药方法,可用喷雾、喷粉、烟雾法、种子处理、土壤消毒、灌根、蘸花、涂抹等方法。使用化学药剂防治病虫害时,还应特别注意抗药性问题,一种农药在一个生长季节里一般使用2~3次就应更换,延缓抗药性的产生,即交替使用或使用混配制剂;使用农药时不可随意加大使用浓度;使用时期上应在发病前或发病初期,害虫要在三龄幼虫前用药;一般在蔬菜收获前1周停止用药。

(四)综合防治方案的制定

1. 制定综合防治方案的原则 农作物有害生物的综合治理,

应认真贯彻我国"预防为主,综合防治"的植保方针,把预防为主放在重要位置,充分认识"防重于治"的重要性,并应在制定与实施综合防治中体现出来。在制定综合防治计划时,首先要把优化农业生态系统作为出发点,以达到农业可持续发展为目标作为基本思路,充分利用自然的有利的生态条件,控制有害生物的数量,在实施综合防治各项措施时,突出重点,互相协调,以最低的成本,达到最大的经济效益和生态效益。

制定综合防治计划的基本要求是"安全、有效、经济、实用"。安全指对人、畜安全,对蔬菜安全,对天敌和环境安全;根据当地情况采用成本低,简单实用的措施,达到提高蔬菜的品质和产量。

总之综合防治是贯彻我国"预防为主,综合防治"植保方针的具体措施,是运用各种防治手段,对某一种病、虫或某种蔬菜上多种病虫害采取综合治理的科学方法,以达到最好的经济效益和生态效益。

2. 综合治理方案的主要类型

作为基层植保员制定综合防治计划时,主要有两种方案:一是针对某一个主要病害或虫害为对象,尽可能采取简便易行的防治手段,达到最好的防治效果来制定的综合防治计划;另一个是以作物为对象,把发生在该作物上的全部病虫害作为防治对象,本着以主要病虫害为重点,兼顾次要病虫害的原则,按轻重、主次来制定综合防治计划。

另外,以整个园田为对象,制定综合治理措施。以某个地区的园田为对象,通过对园田的生态环境治理,加强病虫害的预测预报工作以及综合治理措施的协调运用,制订各种主要蔬菜上的重点病、虫、草等有害生物的综合治理方案,并将其纳入整个园艺生产管理及整个生态环境管理体系中去,进行科学系统的管理。成虫喜欢在嫩叶处群居为害和产卵,粉虱的最低发育温度为8℃左右,繁殖最适宜温度为18℃～21℃。成虫对黄色有强烈趋性;白粉虱

第十一章 蔬菜病虫害的综合防治

与烟粉虱对温度的适应性有明显区别,烟粉虱更适应高温气候条件。

思考题:

1. 蔬菜病虫害的预测预报有哪些内容?
2. 田间调查的方法有哪几种?
3. 综合防治的主要措施包括哪几个部分?

第十二章 有机蔬菜

随着人们生活水平的提高,健康意识不断增强,人们对蔬菜的安全性和品质要求越来越高,蔬菜生产和出口更应按进口国的国际标准生产。同时也提高了出口蔬菜的竞争力,因此按国际标准的有机蔬菜生产,将是我国蔬菜生产的必然趋势。

下面就有机农业的概况,如何生产有机蔬菜以及有机蔬菜病虫害的防治技术做一简要介绍。

一、有机农业概况

有机蔬菜是有机农业的一部分,所以了解有机蔬菜就必须先了解有机农业。现代农业的高速发展,使农产品的商品率大大提高,但是由于现代农业生产过程中大量施用化肥、农药、生长调节剂等化学物质,使农产品品质下降,危害人们的身体健康;农业生态环境遭到破坏,环境污染越来越严重,有益的天敌逐渐消失,生物多样性不复存在,土地持续生产能力不断下降;同时由于现代农业的高投入,大量消耗能源和自然资源,加剧了能源危机和自然资源的匮乏,使生态平衡严重失调,这种现代农业的弊端,早已被人们所关注。因此,在20世纪30年代,首先在欧洲兴起从健康出发"俭朴生活、自然而健康的生活方式和力行维护环境"的有机生活原则。英国植物病理学家霍华德(Howard)在深入研究和总结中国四千多年传统农业长盛不衰的经验后首先提出了有机农业(Organic Farming)的概念。经过几十年的不断完善和发展,有机农业已经在欧洲、美国、日本等世界各国蓬勃发展。

有机农业现在虽然没有完善的定义,但一般认为有机农业是

第十二章 有机蔬菜

不使用人工合成的化肥、农药、生长调节剂和饲料添加剂的农业生产体系。在这一体系中,充分实现对能源和自然资源的循环利用,达到土壤肥力的培育和土壤生产力的可持续性,供给作物健康生长和对病虫等有害生物的可持续治理,即采用作物轮作、种植绿肥、利用牲畜粪肥等废弃物保持土壤肥力,创造良好的生态条件,充分利用自然条件的天敌和允许的矿物源、植物源及生物农药控制病虫害的暴发,达到农产品的优质高产。

有机农业是一个整体的生产管理系统,在这一系统里,可以促进农业生态系统健康、和谐和可持续的发展,包括生物多样性、动植物废弃物的循环利用和提高土壤生物活性及长期的土壤肥力,使大气、土壤、水以及农产品的污染降低到最低程度,达到土壤活力、植物、动物和人类的健康处于最佳状态。由于有机农业是在现代农业之后发展起来的,而又不是像有些人误解为恢复传统农业,而是在生态学基础上用可持续发展的新技术武装起来的农业,所以把有机农业简单称为"后农业现代化"。

我国既是蔬菜生产大国,也是蔬菜出口大国,由于发达国家对进口蔬菜农药残留近乎零的检测,我国在蔬菜出口中遭受"绿色壁垒"。因此,蔬菜农药残留问题已成为发展出口蔬菜的重大障碍,而蔬菜农药残留问题也严重影响了我国蔬菜在国际市场上的竞争力和国际信誉。随着人们生活水平的提高,人们对蔬菜品质和安全的要求越来越高,我国政府对食品安全(包括蔬菜食品)高度重视,出台了一系列的政策和法规,使得发展和国际接轨的有机农业生产已达成人们的共识,所以大力发展有机农业势在必行。

国际上有机农业以 30% 速度在发展,在美、日、欧盟等国的有机农业的面积达 10% 以上,在发达国家有机食品已经成为消费主流。我国有机农业的面积已达 300 多万公顷,占我国总耕地面积还不足千分之一,因此在我国有机农业大有发展空间。

我国有机农业的发展是在 20 世纪 70 年代生态农业基础上发

展起来的，重要的标志是于1994年在国家环保总局南京环境科学研究所成立的"国家环保总局有机食品发展中心（OFDC）"，该中心的主要职责是认证、培训和质量监督。农业部中绿华夏有机食品认证中心，中国农业大学有机农业技术研究中心，中国农业科学有机茶研究中心以及德国、法国、日本等外国在国内设立的认证工作办事处等，现在全国认证单位已有26家之多。2007年4月由中国农业大学有机农业技术研究中心在北京组织召开的中国有机农业（产业）发展联盟第一次会员代表大会胜利召开，标志着有机农业在我国的发展进入了新的阶段，有理由相信有机农业尤其是有机蔬菜在我国的发展，将迎来新的机遇，由此可以看出，有机农业在我国发展势头喜人。

有机农业的标准虽然有些差别，但国际上公认的共同标准有三个不准：一是不准使用化肥，二是不准使用转基因技术培育的种子及其制品，三是不准使用化学合成的农药和任何人工合成的化学产品。另外，生产有机蔬菜还要经过权威机构的认证和监督，对生态环境的严格要求，如土壤、水、空气等质量的检测，以及从播种到收获，从贮运到销售要有严密的"条码"监控等措施。

常规种植蔬菜要转换种植有机蔬菜，首先要向国家对有机农业有认证资格的单位提出申请，如农业部的中绿华夏有机食品认证中心，中国农业大学有机农业研究中心等具有认证资格的国内26家单位申请，经过现场考察合格后，一般要经过两年的转换期，然后要按照有机蔬菜的种植要求，在认证单位或有关单位的技术指导下种植生产。在我国目前情况下，要进行有机蔬菜的生产，应在县、乡加上专业合作社或龙头企业加农户的组织形式上实施，单一农户无法实施有机农业种植。

建设有机农业生产基地，是一项全面系统的生态工程建设，包括种植业和养殖业的合理配置，能源和物质的循环利用等，由于篇幅有限，本章仅就生产有机蔬菜在不准使用化学农药的情况下，如何进行有效的病虫害防治做一简要的介绍。因为在生产有机蔬菜过程中,防治病虫害是非常重要的环节,甚至是关键环节,有机蔬菜防治病虫害的指导思想是,利用在自然条件下生物间相互制约的关系,尽可能利用有益生物控制有害生物;充分利用作物本身的抗性以及保健栽培管理增强作物的抗性,通过选择符合有机蔬菜生产要求的生物防治、物理防治、植物源和矿物源农药,以较低成本,取得较高的经济效益和环境效益。

总之,有机农业是以充分利用可再生能源,做到物质的循环利用,在生态平衡的基础上,实现生物的多样性,最终达到人与自然的和谐相处,真正实现农业可持续发展;有机农业是生产安全食品标准化并与国际接轨的惟一选择。

二、有机蔬菜的病虫害防治

有机农业病虫害防治的原则是人与自然和谐相处,农业生产过程是人与自然协调相处的过程,对病、虫、草等有害生物的控制要充分利用生物间的相生相克原理,抑制有害生物的大发生,将其控制在经济阈值之下。因此,在蔬菜生产过程中,首先要建立合理的作物生产体系,构建作物健康生长的生态环境,提高系统的自然防控能力。即以生态学原理建立平衡的作物生产系统,充分掌握作物以及危害作物的病虫草等有害生物的生物学、生态学、物候学的知识,加强生产过程各个环节的管理,应用综合的生态学方法和保健栽培控制病虫害的发生,即以农业防治为主,辅以适当的生物防治、物理防治以及利用有机食品生产标准允许的植物源和矿物源农药,达到防治病虫害的目的。

(一)农业防治法

1. 选用抗病虫品种 在有机蔬菜栽培种植中,选用抗病虫品种是防治病虫害的基础,经济、有效、安全。

2. 保健栽培　保健栽培的核心是土壤的培肥,一定要使用合格的有机肥或种植豆科绿肥培养地力,土壤肥力不仅为蔬菜提供必需的营养成分,而且土壤有机质含量高,有利于有益微生物的生长和繁殖。大量的细菌和放线菌可起到抑制土传病害的发生,如立枯病、猝倒病、枯萎病和黄萎病的发生。

3. 清园并加强管理　清园非常重要,很多病原菌和害虫是从枯枝落叶病残体上越冬或越夏后成为初次侵染源的;另外要注意棚室的关、闭管理,加强通风;利用滴灌可以降低棚室里的湿度,减少病虫害的发生。

4. 轮作倒茬和间种套作　因病菌的寄主和害虫的食性不同,经常轮作或与不同作物间套作,可使病、虫降低密度,防止病虫害的暴发。

5. 嫁接技术的应用　利用嫁接方法防治土传病害,如枯萎病、黄萎病、根腐病以及根结线虫并已经取得很好的效果,用黑籽南瓜做砧木嫁接的黄瓜,用托鲁巴姆等野生茄子做砧木嫁接的茄子、番茄防病增产效果明显。

(二)物理防治法

1. 晒种、温汤浸种　播种前选择晴好天,将蔬菜种子晾晒2~3天,其间应翻动菜种几次,可利用阳光紫外线杀灭附在种子外面的病菌,并有促进发芽的作用。瓜类、茄果类蔬菜种子52℃~55℃温水浸种15~20分钟,豆类和十字花科蔬菜种子用45℃~50℃温水浸种10~15分钟,起到对种子消毒杀菌的作用。

2. 高温消毒灭菌　在夏秋季节棚室闲置期,将棚室密闭并迅速将温度升至60℃~70℃,保持5~7天,可有效杀灭棚室内及土壤表层的病菌和害虫。

3. 防虫网　防虫网具有防虫、防暴雨、调节光照、控温等作用,在发达国家如日本蔬菜栽培使用防虫网已很普遍。

【使用方法】 ①浮面覆盖;②拱棚覆盖(小拱棚和大棚两种);③温室入口及通风口设置。防夜蛾类成虫用20~25目,防蚜虫、白粉虱、斑潜蝇等用40~50目。

【注意事项】 一定全覆盖,不给害虫侵入的任何机会,并及时清除纱网上的卵块,以免孵化的幼虫钻入网内;揭网进行施肥等田间管理后要及时覆盖好;蔬菜收获防虫网用完后及时清洗,以延长使用寿命。

4. 诱虫灯 频振式杀虫灯在全国推广应用以来效果显著,该灯可诱杀上千种害虫,大幅度降低了田间的落卵量和虫口密度,减少用药量,为生产安全食品和保护环境起到了很好的作用。

5. 黄板诱杀 用30厘米×40厘米的纸板或三合板,涂上橘黄色的调和漆,外面铺上保鲜膜,在保鲜膜上均匀刷上10号机油,悬挂在植株顶部,每隔6~8米放置1块,对趋光性强的蚜虫、烟粉虱、潜叶蝇等诱杀效果明显,当黄板上粘的虫较多时,取下保鲜膜换上新的即可。

6. 糖醋液诱杀 红糖6份,醋3份,酒1份,水10份,可诱杀棉铃虫、烟青虫、小菜蛾等成虫。

(三)生物防治法

1. 细菌类生物农药 苏芸金杆菌(B.t)防治鳞翅目害虫,如小菜蛾、菜青虫、斜纹夜蛾、棉铃虫、烟青虫等,不仅对三龄以前幼虫效果好,对高龄幼虫同样有效,在使用B.t时加入0.5%~1%的糖可提高效果。使用B.t要注意,不可在日光照射下施用,因B.t对紫外线敏感;不可与杀菌剂混用或施用B.t前后立刻施用杀菌剂。

2. 真菌类生物农药 白僵菌防治夜蛾科害虫,如斜纹夜蛾、小菜蛾等。

(1) 特立克(绿色木霉菌)　制剂为 1.5 亿活孢子/克的可湿性粉剂,600~800 倍液,在发病初期喷施,通过对病菌的营养和空间竞争以及对细胞壁消解的作用,达到防治病害的目的。特立克适宜防治蔬菜的灰霉病、霜霉病、白粉病等真菌病害。但不可用于食用菌的病害防治。用特立克 800 倍液拌种,可防治立枯病。注意在贮藏和施用时应避免日光直射。

(2) 线虫必克(厚孢轮枝菌)　厚孢轮枝菌是一种真菌,经人工培养产生大量分生孢子和菌丝体,有效寄生线虫的雌虫和卵,使线虫死亡。在幼苗移栽时穴施,每 667 平方米 1 500~2 000 克。

3. 病毒类生物农药　斜纹夜蛾核多角体病毒,棉铃虫核多角体病毒。

4. 寄生蜂类生物农药

(1) 丽蚜小蜂　已大面积应用,可有效防治保护地的白粉虱。丽蚜小蜂属于蚜小蜂科,孤雌生殖。吸引丽蚜小蜂物质主要是粉虱分泌的蜜露,成蜂取食蜜露后可存活 28 天左右,如无营养补充,成虫不取食只能存活 1 周左右,通常在温室中可存活 10~15 天。产卵的雌蜂以触觉探寻粉虱若虫,然后产卵寄生,粉虱若虫不活动的虫态均可被寄生,一般成蜂喜好选择三龄若虫期和四龄蛹前期的粉虱寄生。所以,在植株上具有粉虱各个虫态时,一般是选择适龄虫期寄生。

目前,在生产上应用的丽蚜小蜂"蜂卡",在不使用化学农药的情况下,完全可以控制白粉虱的为害。防治保护地蔬菜上的白粉虱、烟粉虱效果明显,丽蚜小蜂对目前猖獗为害的烟粉虱寄生率高,防效可达 80% 以上。

5. 植物源农药

① 0.36% 苦参碱水剂 1 000~1 500 倍液:可防治菜蚜、菜青虫、白粉虱、烟粉虱等害虫。

② 植物油(0.5%~2% 溶液):可防治瓜类、豆类和甘蓝等叶

螨、介壳虫等。

③肥皂水(300克皂化油脂+0.3升酒精+15克盐+10升水)：防治蚜虫、螨类、蓟马、白粉虱等。

④除虫菊：防治蚜虫、白粉虱、烟粉虱、潜叶蝇、菜青虫、豆野螟等害虫,用5%除虫菊乳油1 000~1 500倍液。

⑤苦楝：防治棉铃虫、小菜蛾、菜青虫、甜菜夜蛾、地老虎、叶蝉、白粉虱、潜叶蝇、螨类等害虫。

⑥鱼藤酮：防治蚜虫、小菜蛾等害虫,用鱼藤精乳油800倍液。

⑦木醋液(植物酸)：具有增加土壤肥力,促进植物生长和抑菌、除草和防腐的多种功效,用作种子消毒时,可使用200倍液浸种3小时;用于土壤处理时,可用50~100倍液,防治土传病害;另外,木醋液300倍液喷施防治多种病害。

6. 矿物源农药

①硫黄：防治白粉病、锈病、螨类等,用50%硫黄悬浮剂600~800倍液。

②石硫合剂：防治白粉病、锈病、炭疽病、螨类等。

③高锰酸钾：0.1%高锰酸钾溶液浸种15分钟进行种子消毒。

④波尔多液用：0.2~0.3波美度波尔多液,可防治大部分真菌病害并兼治细菌病害。

无论是使用植物源农药、矿物源农药以及自制农药时一定要在小面积上进行试验后再大面积应用；市场上出售的植物源或矿物源农药种类繁多,有的在制剂里添加有机蔬菜生产中不能使用的化学合成农药和添加剂,这样的农药不可使用；尤其种植出口有机蔬菜的农户,任何措施的应用,一定要在认证单位的指导和监督下进行,并应记载和保留田间操作的各项记录,以便认证单位的监督和确认,才能达到有机蔬菜的质量标准。

思考题：

1. 什么是有机蔬菜？
2. 生产有机蔬菜都应注意哪几个方面？
3. 生产有机蔬菜如何防治病虫害的发生？